"十四五"时期国家重点出版物出版专项规划项目
智慧建筑与建成环境系列图书
黑龙江省精品图书出版工程

严寒地区木构造建成环境及建筑低碳化发展研究

董 宇 郭海博 秦彤昱 著

哈尔滨工业大学出版社
HITP HARBIN INSTITUTE OF TECHNOLOGY PRESS

内 容 简 介

本书首先通过既有文献梳理并结合实例对木构造公共建筑建构技术进行总结,提出木构造公共建筑的综合效益评价框架,对严寒地区公共建筑低碳化节能设计及围护结构构造设计的相关基础理论、社会效益进行总结与分析。其次将传统的钢筋混凝土公共建筑作为参照对象,依托 IES-VE 平台进行模拟实验,对比模拟能耗、室内温度,并在能耗基础上计算各自碳排放量,针对三项结果对木构造公共建筑环境效益进行评价。最后分析木构造公共建筑在文化、经济、低碳及社会方面的效益,明确木构造公共建筑综合效益的优势与劣势,进而提出优化策略。

本书可作为建筑低碳化相关研究方向的本科生及研究生的学习用书,也可作为科研人员的参考资料。

图书在版编目(CIP)数据

严寒地区木构造建成环境及建筑低碳化发展研究/
董宇,郭海博,秦彤昱著. — 哈尔滨:哈尔滨工业大学
出版社,2025.3. — (智慧建筑与建成环境系列图书).
ISBN 978-7-5767-1844-7

Ⅰ.TU111.4

中国国家版本馆 CIP 数据核字第 2025SB1697 号

策划编辑　王桂芝
责任编辑　丁桂焱　刘　威　宋晓翠
出版发行　哈尔滨工业大学出版社
社　　址　哈尔滨市南岗区复华四道街 10 号　邮编 150006
传　　真　0451-86414749
网　　址　http://hitpress.hit.edu.cn
印　　刷　哈尔滨博奇印刷有限公司
开　　本　720 mm×1 000 mm　1/16　印张 12.5　字数 215 千字
版　　次　2025 年 3 月第 1 版　2025 年 3 月第 1 次印刷
书　　号　ISBN 978-7-5767-1844-7
定　　价　68.00 元

前 言

在力争 2030 年前实现碳达峰,2060 年前实现碳中和(简称"双碳"目标)的战略决策背景下,以及《中华人民共和国国民经济和社会发展第十四个五年规划和 2035 年远景目标纲要》(简称"十四五"规划)推动绿色发展的目标指引下,我国建筑行业的低碳转型迫在眉睫,建筑领域的减碳已成为实现"双碳"目标的关键一环,对全方位迈向低碳社会,实现高质量发展具有重要意义;发展低碳公共建筑成为建筑行业实现碳中和的重点。本书的目的是深入思考在低碳发展的目标下,严寒地区建筑行业当前面临的主要问题,以及木构造公共建筑如何助力国家"双碳"目标,实现低碳化可持续发展。

低碳要贯穿全生命周期,链条长、环节多、精准管理难。我国建筑业工业化程度较低、建造技术尚有提升空间,建筑业传统生产方式仍占据主导地位。我国新增公共建筑的工程建设每年的碳排放量约占总排放量的 18%,主要集中在钢铁、水泥、玻璃等建筑材料的生产、运输及现场施工过程,建筑全产业链低碳化发展任重道远。

既有公共建筑存量大,碳排放强度高。我国是世界上既有建筑和每年新建建筑量最大的国家。而木材是建筑"四大主材"——钢材、水泥、玻璃、木材中重要的可再生资源,是建筑中最环保和常用的建材之一。目前我国的木结构建筑处于重新起航阶段,木结构的节能和环保在建筑结构的节能环保中具有极大的优势与发展潜力。

公共建筑行业节能减碳面临空前挑战。随着人们生活品质不断提升,建筑领域的碳排放量在未来 10 年内仍会有所攀升。此外,大型公共体育建筑逐渐向综合体模式发展转变,除承担大型赛事活动外,还会兼容承办会展、文艺演出、商业展览、休闲娱乐等多种活动,故在本书中,若无特殊说明,多以木构造体育馆代表木构造公共建筑进行论述和研究。需要指出,寒地气候区地理位置特殊,公共建筑功能的多样性发展增加了其运营频率,导致能源消耗问题日益凸显。因此,实现碳达峰,如何在寒冷地区发展低碳公共建筑是低碳化发展不可缺少的环节。

在新时代建筑业绿色化、工业化、智能化的发展趋势下,挑战与机遇并存,本书聚焦严寒地区独特地域特征下的木构造建成环境及建筑低碳化发展,希望促进严寒地区建筑真正做到低碳、环保、可持续发展,推动建筑业全面落实国家"双碳"目标,建设美丽中国,切实实现高质量发展。

本书主要由董宇、郭海博、秦彤昱负责撰写。前言部分由赵紫璇、于嘉慧参与完成,第 1 章、第 2 章由王榕参与完成,第 3 章、第 4 章由于嘉慧参与完成,第 5 章、第 6 章由赵紫璇参与完成。限于作者水平,书中疏漏及不足在所难免,请读者批评指正。

作者

2025 年 1 月

目　录

第1章 木构造建筑的发展概况

1.1 研究背景

21世纪以来,全球气候变化成为人类面临的重大挑战。气候变化导致全球极端天气频发,气温上升,冰川消融,海平面上升,陆地面积减少,永久冻土层融化,对人类及生态系统造成了巨大的影响。据预测,到21世纪末,全球平均气温可能比20世纪末上升3℃。其中,温室气体的大量排放是气候变化的主要原因。自然界本身就在不断生产着各种温室气体,同时也在吸收或分解它们,形成一种循环过程。长久以来大气中温室气体的含量处于一种相对稳定的状态,但是随着人类生产力的提高,特别是工业革命之后,化石燃料被大量使用,大面积的森林被砍伐一空,温室气体排放量大幅增加,远远超过大自然可以吸收和分解的程度。比如,美国在20世纪90年代初累积碳排放量就已经达到近1 700亿t,同时期,欧盟达到近1 200亿t。

我国作为世界上人口最多的国家,近几十年来碳排放呈激增的状态。2006年,我国超过美国成为世界上最大的碳排放国。2014年,我国CO_2排放量为97.6亿t,占全球排放量的27%,超过美国和欧盟当年的CO_2排放量之和。作为全球最大的碳排放国,多年来我国政府一直致力于采取相应的措施来应对气候变化。2020年9月22日,在第七十五届联合国大会一般性辩论上,习近平总书记郑重宣布:"中国将提高国家自主贡献力度,采取更加有力的政策和措施,二氧化碳排放力争于2030年前达到峰值,努力争取2060年前实现碳中和。"我国为达到近零碳排放的目标,采取了多项措施,这不仅是建设美丽中国的关键一步,同时也体现了我国的大国担当。如图1.1、图1.2所示。

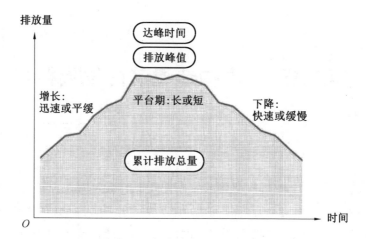

图 1.1　碳达峰、碳中和进展

图 1.2　碳中和愿景

1.1.1　"碳达峰"和"碳中和"的机遇与挑战

1.国家层面

从 2020 年 9 月习近平总书记提出"双碳"目标以来,国家将其列为重点任务,指出"十四五"是碳达峰的关键期、窗口期(表 1.1)。

表 1.1　近几年中央相关政策

时间	相关文件或讲话	相关会议	内容
2020 年 10 月 29 日	《中共中央关于制定国民经济和社会发展第十四个五年规划和二〇三五年远景目标的建议》	中国共产党第十九届五中全会	提出"推动能源清洁低碳安全高效利用。发展绿色建筑。开展绿色生活创建活动。降低碳排放强度,支持有条件的地方率先达到碳排放峰值,制定二〇三〇年前碳排放达峰行动方案。"

续表1.1

时间	相关文件或讲话	相关会议	内容
2020年12月12日	习近平总书记发表题为《继往开来,开启全球应对气候变化新征程》重要讲话	气候雄心峰会	提出具体的指标:"到2030年,中国单位国内生产总值二氧化碳排放将比2005年下降65%以上,非化石能源占一次能源消费比重将达到25%左右,森林蓄积量将比2005年增加60亿立方米,风电、太阳能发电总装机容量将达到12亿千瓦以上。"
2020年12月16日		中央经济工作会议	明确将做好"碳达峰"和"碳中和"工作作为2021年的八项重点任务之一。强调要实现减污降碳协同效应
2021年2月2日	《国务院关于加快建立健全绿色低碳循环发展经济体系的指导意见》		提出"建立健全绿色低碳循环发展经济体系,促进经济社会发展全面绿色转型,是解决我国资源环境生态问题的基础之策。"
2021年3月15日		中央财经委员会第九次会议	明确把碳达峰、碳中和纳入生态文明建设整体布局。指出"十四五"是碳达峰的关键期、窗口期

2.部门层面

生态环境部、国家发展改革委、财政部①等部委积极响应中央的政策,在各

---

① 为便于叙述,本书根据《国务院机构简称》,使用中华人民共和国生态环境部、中华人民共和国国家发展和改革委员会、中华人民共和国财政部、中华人民共和国工业和信息化部、中华人民共和国科技部、中华人民共和国住房和城乡建设部等的机构简称,即生态环境部、国家发展改革委、财政部、工业和信息化部、科技部、住房城乡建设部等。

部门职责基础上,为实现"双碳"目标制定更为具体的方针政策(表 1.2)。

表 1.2　近几年部委层面相关政策文件

单位名称	时间	相关会议或文件名称	内容
中国人民银行	2021 年 1 月 4 日	2021 年中国人民银行工作会议	提出要"落实碳达峰、碳中和重大决策部署,完善绿色金融政策框架和激励机制。做好政策设计和规划,引导金融资源向绿色发展领域倾斜,增强金融体系管理气候变化相关风险的能力,推动建设碳排放权交易市场为排碳合理定价。"
国家发展改革委	2021 年 1 月 19 日	国家发展和改革委员会举行的(2021 年)1 月新闻发布会	指出将从大力调整能源结构、加快推动产业结构转型、着力提升能源利用效率、加速低碳技术研发推广、健全低碳发展体制机制、努力增加生产碳汇六个方面推动实现碳达峰和碳中和
生态环境部	2021 年 1 月 21 日	2021 年全国生态环境保护工作会议	会议强调要"编制实施 2030 年前碳排放达峰行动方案。加快建立支撑实现国家自主贡献的项目库,加快推进全国碳排放权交易市场建设,深化低碳省市试点,强化地方应对气候变化能力建设,研究编制《国家适应气候变化战略 2035》。"
工业和信息化部	2021 年 1 月 26 日	国务院新闻办公室举行的新闻发布会	提出"结合当前行业发展的总体态势,着眼于实现碳达峰、碳中和阶段性目标,逐步建立以碳排放、污染物排放、能耗总量为依据的存量约束机制,研究制定相关工作方案,确保 2021 年全面实现钢铁产量同比的下降。"
生态环境部	2021 年 2 月 1 日起施行	《碳排放权交易管理办法(试行)》	在应对气候变化和促进绿色低碳发展中充分发挥市场机制作用,推动温室气体减排,规范全国碳排放权交易及相关活动

续表1.2

单位名称	时间	相关会议或文件名称	内容
科技部等九部门	2022年6月24日	《科技支撑碳达峰碳中和实施方案（2022—2030年）》	提出支撑2030年前实现碳达峰目标的科技创新行动和保障举措，并为2060年前实现碳中和目标做好技术研发储备

1.1.2　国内节能减排标准及条例

我国建筑节能工作起步于20世纪70年代，政府及相关部门对建筑节能减排的标准及文件制定越来越细致，不断对我国建筑行业节能工作进行改革（表1.3）。

表1.3　国内出台的节能减排标准及条例（部分）

部门/组织	时间	名称	相关内容
建设部	2001年	《夏热冬冷地区居住建筑节能设计标准》	对夏热冬冷地区居住建筑的建筑热工采暖空调，提出了与没有采取节能措施前相比节能50%的目标
国务院	2008年	《民用建筑节能条例》	提高新建及既有民用建筑能源利用效率
住房城乡建设部等	2011年	《节能建筑评价标准》	提倡在建筑中采用节能技术，为节能建筑评价提供依据
国家发展改革委、住房城乡建设部	2013年	《绿色建筑行动方案》	推动新建及既有建筑节能设计
住房城乡建设部等	2015年	《公共建筑节能设计标准》	依据不同气候分区对公共建筑提出与气候相适应的节能设计标准
国务院	2016年	《"十三五"节能减排综合工作方案》	为新建及改造建筑提出节能目标

续表1.3

部门/组织	时间	名称	相关内容
国务院	2017 年修订	《公共机构节能条例》	促进公共机构进行节能设计,减少能源浪费
住房城乡建设部	2018 年	《严寒和寒冷地区居住建筑节能设计标准》	对严寒和寒冷地区居住建筑提出供暖能耗降低 30% 左右的目标

1.1.3　国外节能减排政策

　　国外从 20 世纪 70 年代开始关注建筑的高能耗问题,并通过成立相应组织机构、颁布法律法规、出台经济激励政策等措施来应对这些问题,如美国从 20 世纪下半叶即成立能源部,管理建筑行业能源情况,90 年代出台国家能源相关规划及利用规范。日本也通过不断修订能源利用法律,提高建筑能源利用率。具体的法规、政策等见表 1.4。这些政策为其建筑行业的节能减碳设计指引方向。

表 1.4　美国、日本出台的节能减排法规、政策

国家	时间	法规或政策	内容
美国	1976 年	成立能源部	下设建筑技术和商务办公室,管理建筑行业能源情况
	1992 年	《国家能源政策法》	规定了能源供应和使用
	20 世纪 90 年代末	《国家能源综合战略》	规划国家能源资源利用
	2003 年	减免能源税政策	根据新建建筑能效指标不同,减税 10% ～ 20%

国家	时间	法规或政策	内容
日本	1979 年 /1992 年 /1997 年	《关于能源合理化使用的法律》及两次修订	合理使用国内建筑行业能源
	1997 年	《新能源法》	控制能源需求,促进能源有效利用
	1998 年	《2010 年能源供应和需求长期展望》	
	2001 年	《促进资源有效利用法》	
	2006 年	成立资源能源部	负责节能管理(包含建筑)

1.1.4　相关国际化背景

目前,"碳中和"已成为许多国家的国家战略,国际社会则提出了"无碳未来"的愿景。英国于 2008 年颁布了《气候变化法案》,成为全球第一个将零碳排放目标写入法案的国家,明确英国将于 2050 年实现碳中和的目标。随后美国、欧盟、日本、加拿大等国家和地区陆续承诺,将在 2050 年实现零碳排放。中国于 2020 年 9 月正式在联合国大会宣布,将进一步采取强有力的措施,争取在 2060 年前实现碳中和。根据国际能源网的数据,目前已有 30 多个国家和地区明确提出了碳中和目标,见表 1.5。

Energy & Climate Intelligence Unit① 的统计数据显示,目前苏里南和不丹两个国家已实现"碳中和"(achieved),瑞典、英国等 6 个国家已立法(inlaw),欧盟作为整体和加拿大等 5 个国家处于立法状态(proposed legislation),中国、日本等 14 个国家发布了政策宣示文档(in policy document)。

英国、法国、德国、美国、日本、韩国、加拿大、南非等 22 个国家把实现碳中和的目标年份定在 2050 年;乌拉圭(2030 年)、芬兰(2035 年)、冰岛(2040 年)、奥地利(2040 年)、瑞典(2045 年)5 国的碳中和目标年份是 2030～2045 年,其中半数是北欧国家;新加坡则承诺将在 21 世纪下半叶尽快实现净零排放。

根据 *Ember Global Electricity Review Match* 2020 报告,全球十大煤电

---

① Energy & Climale Intelligence Unit 即英国的非营利性组织"能源与气候情报中心",简称 ECIU。

国家,已有中国、日本、韩国、南非、德国5个国家先后提出实现"碳中和"目标的时间。

表 1.5   世界主要国家碳中和目标

序号	国家	目标日期	承诺性质	目标内容
1	中国	2060 年	政策宣示	2020 年 9 月 22 日在联合国大会宣布,努力争取在 2060 年前实现碳中和
2	加拿大	2050 年	法律规定	2020 年 11 月 19 日,加拿大政府提出法律草案,明确要在 2050 年实现碳中和
3	欧盟	2050 年	政策宣示	根据 2019 年 12 月公布的"绿色协议",欧盟委员会正在努力实现整个欧盟 2050 年净零排放目标,该长期战略于 2020 年 3 月提交联合国
4	日本	2050 年	政策宣示	2020 年 10 月 26 日,日本首相菅义伟在向国会发表首次施政讲话时宣布,日本将在 2050 年实现温室气体净零排放,完全实现碳中和
5	新西兰	2050 年	法律规定	2020 年 12 月 2 日,新西兰议会通过议案,宣布国家进入气候紧急状态,承诺 2025 年公共部门将实现碳中和,2050 年全国整体实现碳中和
6	南非	2050 年	政策宣示	南非政府于 2020 年 9 月公布了低排放发展战略(LEDS),概述了到 2050 年成为净零经济体的目标
7	英国	2050 年	法律法规	2008 年,《气候变化法案》正式生效,明确 2050 年实现零碳排放

1.1.5　建筑行业碳中和的挑战与实现路径

1.建筑碳排放定义与内涵

《建筑碳排放计算标准》(GB/T 51366—2019)中将建筑碳排放定义为："建筑物在与其有关的建材生产及运输、建造及拆除、运行阶段产生的温室气体排放的总和,以二氧化碳当量表示。"

建筑行业的碳排放可以分为直接碳排放和间接碳排放,前者指的是在建筑行业发生的化石燃料燃烧过程中导致的 CO_2 排放,主要包括建筑内的直接供暖、炊事、生活热水、医院或酒店蒸汽等导致的燃料排放;后者指外界输入建筑的电力、热力包含的碳排放。

联合国政府间气候变化专门委员会(IPCC)体系下,一般将直接碳排放的部门划分为工业、电力、建筑和交通 4 个行业。这种语境下的建筑行业碳排放一般只包含直接碳排放。

2.建筑行业碳排放趋势与特点

根据国际能源署(IEA)的相关数据,2018 年全球建筑业建造和建筑运行相关用能占全球能耗的 36%,其中建筑和基础设施建造用能占全球能耗的 6%,建筑运行占 30%。从全球看,2018 年建筑建造和运行的碳排放占世界所有碳排放量的 39%,其中建筑行业运行用能(用来加热、制冷、照明的能量)导致的碳排放占比为 28%,其余 11% 是与建筑整个生命周期中的材料和施工过程相关的前期碳排放。根据以往经验,随着我国城镇化和经济水平的不断提升,建筑行业的运行碳排放比重会越来越大。

清华大学建筑节能研究中心的相关数据显示,2018 年我国建筑建造和运行相关 CO_2 排放占我国全社会总 CO_2 排放的比例约为 42%,其中建筑建造占比 22%,建筑运行占比 20%。

此外,根据《中国建筑节能年度发展研究报告 2020》,我国建筑碳排放总量仍然处于逐渐增长的阶段,2019 年达到约 21 亿 t CO_2,占总碳排放的 21%(其中直接碳排放约占总碳排放的 13%),较 2000 年 6.68 亿 t CO_2 增长了约 3.14 倍,年均增长 6.96%。

2019 年,我国北方采暖(北方指冬季需要采暖的城市)约排放 5.5 亿 t CO_2(排放强度约 37 kg/m²),城镇住宅(除北方采暖)约排放 4.4 亿 t CO_2(排放强度约18 kg/m²),公共建筑(除北方采暖)约排放 6.5 亿 t CO_2(排放强度约 51 kg/m²),农村住宅(除北方采暖)约排放 5.5 亿 t CO_2(排放强度约 24 kg/m²),如图 1.3、图 1.4 所示。分析 4 组数据可知,公共建筑由于建筑能耗强度最高,所以单位建筑面积的碳排放强度也最高;北方采暖需要大量燃煤,因此碳排放次之;农村住宅由于其能源效率较低,所以其碳排放较城市住宅稍高。随着国家近年来对农村用能的引导,在未来农村住宅碳排放量与城市住宅的差距将会逐渐减小。

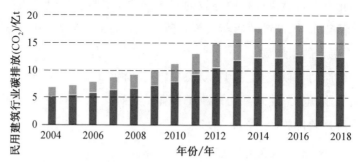

图 1.3 我国建筑行业碳排放发展趋势

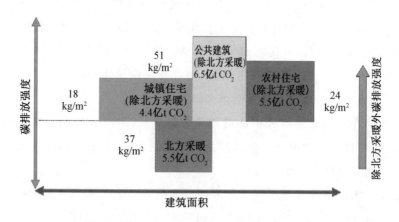

图 1.4 我国建筑行业碳排放拆分

3.建筑行业碳中和路径

(1)工业化生产(建筑生产制造)。根据相关数据,2018 年建筑生产与建造阶段排出的 CO_2 占全球总碳排放的 11%,有很大的减排空间。目前,我国建筑业工业化程度不够高,建筑产业链发展不完善,传统生产方式仍占有较大比重,建筑建造技术水平有待提高。装配式建筑相较于传统建造,在建筑生产与建造阶段可以减少 15.6% 的碳排放量,在建筑运行阶段可以减少 3.2% 的碳排放量。并且装配式建筑便于拆除和回收,可以重复利用建筑构件,有利于进一步减少碳排放量。

(2)提高建筑性能(建筑本身)。根据国际能源署(IEA)2018 年的统计,建筑在运行阶段 CO_2 的排放占全球碳排放的 28%,占整个建筑业各项碳排放的72%,是全球碳排放的主要组成部分。对于我国来说,随着经济的持续发展,城镇化率进一步提高,我国建筑建设强度将会降低,该阶段的碳排放量也会随之减少。但是随着人民生活水平的提高,建筑运行阶段的碳排放将会呈增长的趋势。提高建筑的性能对于降低建筑运行阶段的碳排放量有着重要的意义。具体包括合理进行建筑设计,优化建筑围护结构,采用新型低碳材料进行建筑建造,应用被动式策略对建筑进行优化设计等方面。

(3)使用清洁能源(建筑运营能源)。国家发展和改革委员会能源研究所可再生能源发展中心副主任陶冶认为:"可再生能源已成为应对气候变化的主要抓手。为实现碳排放达峰和碳中和目标,可再生能源将在未来成为我国能源增量的主体。"无论是城市还是农村地区都应该加大清洁能源的利用率。对于农村地区来说,基础设施不够完善,传统燃料仍是其日常能源的主要来源。根据清华大学建筑节能研究中心的相关数据,从全国范围看,2018 年传统燃料的消耗(约为 2.3 亿 t)占农村总能耗的 74%,电能仅占 26%。分散式燃烧传统燃料会降低燃料的利用率,增加碳排放量。对于城市地区来说,炊事是传统燃料的主要使用方面,但近几年,我国城镇炊事的燃料需求已经呈下降趋势,炊事的电气化率得到大幅度提升。在未来,无论是城镇还是农村地区都应该继续推行生活电气化,增大清洁能源的使用比例,大规模发展光伏电力、风力发电及生物质能。

(4)全面发展绿色低碳建筑。对于绿色低碳来说,节能是一个重要的方面。近几十年来,绿色建筑从一般性的建筑节能到"被动式房屋""低能耗建筑""近零能耗建筑",再到"净零能耗建筑(NZEB)",建筑技术不断创新,建筑节能效率不断提高,建筑碳排放量不断降低。全面发展绿色低碳建筑,包括发展绿色低碳建筑材料与绿色低碳建筑技术。绿色低碳建筑材料包括生态纳米乌金石、铝合金材料及木材等。绿色低碳建筑技术包括太阳能光伏发电、地源热泵、光导玻璃纤维等。

（5）优化相关建筑标准与法规体系。建筑标准及相关规范作为一种强制性的约束，对控制和降低建筑行业的能耗及碳排放起着重要的作用。对相关标准及规范进行优化，可以提高新建筑建造及运行的标准，引导建筑行业的用能方式，从而降低能源消耗及碳排放量。对既有已建成建筑，政府应该出台相应的政策或规范，对高耗能、高排放的建筑进行改造或拆除。同时对于建筑用能结构方面也应该做出详细的规定，增大可再生能源的应用比例。

1.2　木构造建筑的发展情况

1.2.1　国内发展情况

从实践研究方面看，我国木构造建筑历史悠久，从原始社会即开始采用木材做巢居或穴居，后随着榫卯、斗拱等木构造技术的发展，抬梁式及穿斗式结构成为我国古代建筑最常见的木结构，屋顶形态也随之多样化发展。至唐代，木构造除了应用于最常见的小跨度住宅之外，佛殿、宫殿等大空间大体量的建筑也已经实现，例如山西南禅寺大殿等；另外，此时的建筑已出现用材规格化，加快了施工速度，同时避免了材料浪费等情况。至宋代时，《营造法式》将"模数制"作为建造规范运用于木建筑，大大推动木构造建筑发展，此后类似的木构造标准化建造一直在各个朝代运用。近代我国木建筑发展基本处于停滞状态，后来随着木材资源的匮乏及现代钢筋混凝土的引进，我国建筑从原来的木构造建筑逐渐转变为以钢筋混凝土为主的建筑。当代，随着节能意识增强，木构造建筑设计在我国有所增加，这些木构造建筑以文旅建筑为主，例如位于贵州安顺格凸河景区的紫云格凸户外运动体验馆［图 1.5(a)］、贵州安龙户外运动公园之室内攀岩馆［图 1.5(b)］等，也有其他一些中小型的体育馆，如中国国家游泳队训练馆游客接待中心［图 1.5(c)］等。

从理论研究方面看，《认识现代木建筑》（天津大学出版社，2005 年）讲解了木建筑在防火、抗震、耐久性、能耗及释碳量等方面的特点，并列举了木材的构造方式及用途。《木结构建筑学》（中国林业出版社，2011 年）总结了木建筑的平面、立面、剖面、构造、节点等方面的设计要点，反映了我国现代木构造建筑设计的最新成果。吴健梅等人从节能环保的角度出发，解析了当代木建筑的结

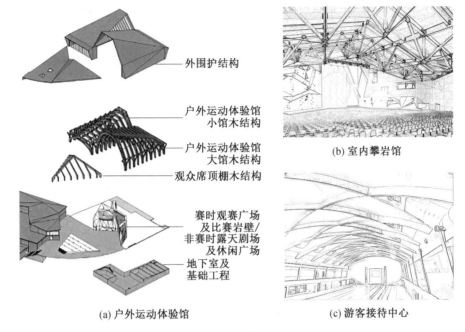

图 1.5　　当代木构造建筑实例

构、材料、构造和处理技术。

　　除上述理论著作外,相关期刊及硕博士论文也对现代木构造建筑进行了不同层面的深入研究。例如:韩晓峰及郝峻弘剖析了当代木建筑的结构体系,总结了空间与形式特征;钮彬等人分析了大跨度结构、普通框架结构、高层木结构的结构特点与美学特点,并依据相应的案例加以解析;邹青从木构造大跨度建筑着手研究木构造与形式表现之间的关系,引导建筑师重新思考自然材料与建筑设计之间的关系;贺杰将现代木构造节点设计作为切入点,总结木构造建筑常见表现风格,为未来木构造建筑提供借鉴。

1.2.2　　国外发展情况

1.国外木构造建筑研究

　　从木构造建筑实践发展方面看,国外木构造建筑的主要建筑形式为住宅,木构造主要应用于屋架部分,其跨度较小,且结构演变小。因此本书以体育馆作为公共建筑典型案例,从木构造大跨度建筑发展的角度对国外木构造建筑的实践发展进行论述。木构造大跨度建筑在古罗马时代就已通过木拱券技术实现,木构件因其较好的强度及自重优势而加工成曲线形构件,被运用在穹顶部分结构中。随后木拱券结构又演变成另一种新的结构——木桁架,跨度 25 m 的万神殿柱廊即采用该结构(图 1.6)。随后于 15 世纪,英国针对木桁架进行革新——将"托臂梁桁架"与拱肋结合起来,这种跨度显示了较高的木构造设计与建造水平(图 1.7)。

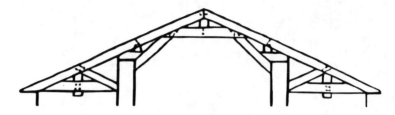

图 1.6　公元 2 世纪万神殿柱廊木桁架

图 1.7　中世纪西欧托臂梁桁架

直到工业时代,大跨度建筑基本以钢材、混凝土材料为主,木构造大跨度建筑陷入沉寂。19 世纪末,世界开始爆发能源危机,建筑师环保意识增强,木材作为可再生材料逐渐被重新重视。现代工程木技术的发展使得木构造大跨度不再是难题,广泛应用于体育馆、观演建筑,例如汉诺威世博会日本馆(图 1.8)、美国华盛顿州的塔科马穹顶及爱尔兰国际机场等。

从木构造建筑理论研究方面看,国外木构造建筑研究主要集中在木构造建筑的设计与建造策略上(表 1.6)。Eliot E. Goldstein 等人介绍了木构造建筑从传统木构造—当代材料—建筑细节设计—施工策略—后期评估与修复全阶段的策略,形成了较全面的木构造建筑设计成果。美国木材建筑学会(American Institute of Timber Construction) 编写的 *Timber Construction*

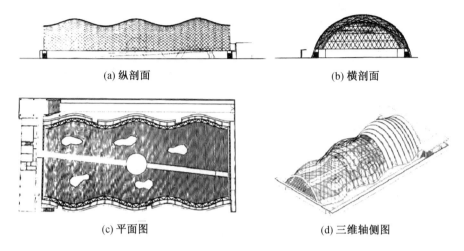

(a) 纵剖面　　　　　　　　　　　　　(b) 横剖面

(c) 平面图　　　　　　　　　　　　　(d) 三维轴侧图

图 1.8　　汉诺威世博会日本馆平面、剖面及三维轴侧图

Manual,首先从材料、结构、经济性等方面介绍了木结构系统,概述了木材的基本特性,然后从梁、柱、楼板、节点等方面梳理了木结构理论(表 1.6)。Klaus Zwerger 的著作 *Wood and Wood Joints* 从欧洲与亚洲木构造建筑的技术发展出发,总结其特点及影响。这些都为木结构在建筑中的运用提供了技术和理论基础。

　　Manja Kitek Kuzman 等人总结了斯洛文尼亚的 50 多个项目,重点介绍了木结构的优势,以及木构造建筑解决环境和能源效应方面的设计策略,其中包含住宅、办公、教育、工业建筑等多种类型,并总结了木构造建筑的优势。Yves Weinand 使用数字计算技术探索了木材应用于大型结构建筑及形成复杂形态的可能性,推动了木构造大跨度建筑的结构形态发展。美国木材委员会(American Wood Council)编著的 *Wood Frame Construction Manual* 依据规范为一户或者两户的木构造住宅建筑提供临界荷载设计及楼板墙体设计的指导,并在既有案例的基础上详细说明。

表 1.6　　木构造建筑研究成果

时间	作者	研究名称	主要研究内容
1999	Eliot E. Goldstein, Eliot W. Goldstein	Timber Construction for Architects and Builders	从传统木构造到当代材料、建筑细节设计、施工策略,再到后期结构评估与修复几个方面都有总结,为木材建造提供各个阶段的指导

续表1.6

时间	作者	研究名称	主要研究内容
2012	American Institute of Timber Construction	Timber Construction Manual	1.概述了木结构的特点及木材的特性 2.从梁、柱、楼板、节点等方面梳理木结构理论
2012	Klaus Zwerger	Wood and Wood Joints	1.介绍了木材的悠久传统和欧洲、亚洲的木构造建筑发展 2.梳理了木构造建筑技术的特点、影响及发展
2014	Manja Kitek Kuzman, Andreja Kutnar	Contemporary Slovenian Timber Architecture for Sustainability	1.总结50个项目案例 2.重点介绍案例在解决环境及能源效应方面的设计策略 3.总结木构造建筑的优势
2016	Yves Weinand	Advanced Timber Structures: Architectural Designs and Digital Dimensioning	1.使用数字计算和计算机辅助处理方法测试折纸结构、肋壳、织物结构和弯曲面板的生产 2.证明了木材在大型木构造建筑中的潜在应用
2018	American Wood Council	Wood Frame Construction Manual	1.为一户或者两户的木构造住宅建筑提供工程设计依据 2.提供了木构造设计临界荷载及楼板、墙体等细节设计 3.在具体的设计案例基础上为用户提供详细说明

2.现代木构造大跨度建筑技术发展

在节能减排的背景下，北欧、北美、日本等国家及地区的木材建筑得到广泛应用,多以跨度小、较规则且便于建造的小空间建筑如住宅、办公楼为主。随着木材加工技术的发展,出现了交错层压板材 —— 正交胶合木(cross-laminated timber,CLT) 等现代工程木,其力学性能优异、抗震及防火性能良好的特点使得木构造大空间建筑成为可能。

20 世纪 70 年代,新型结构工程木材的发展为木结构多样化生产建造奠定了基础,也对木构造大跨度建筑的发展起到了推动作用。国际上已出现了如南洋理工大学体育馆[图 1.9(a)]、隈研吾作品 —— 某大学体育馆[图 1.9(b)]等一大批优秀的木构造大跨度建筑,木材在大跨度建筑中的应用呈上升趋势。国内也逐渐出现一些木构造大跨度建筑实例,如木穹顶跨度达 85 m 的天津华侨城文化演艺中心[图 1.9(c)]、跨度达 42 m 的 VC 总部大楼[图 1.9(d)]等。虽然现阶段尚未出现木材应用于大跨度建筑的系统理论成果,但这些重型木结构的发展也为木材应用于大空间公共建筑设计及研究奠定了坚实基础。

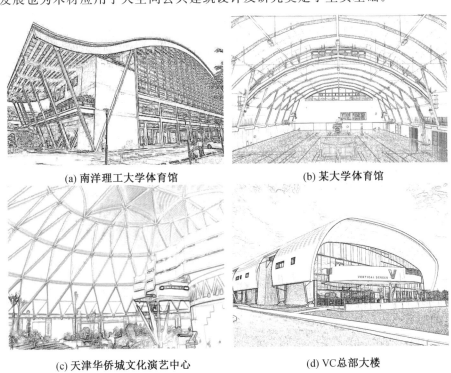

(a) 南洋理工大学体育馆　　　　　　　　(b) 某大学体育馆

(c) 天津华侨城文化演艺中心　　　　　　(d) VC总部大楼

图 1.9　　国内外木构造大空间建筑实例

1.3   木构造建筑的发展优势

1.3.1   环境友好

木材的碳循环包括:生长的树木从大气中吸收碳 — 可持续森林生长 — 生产的木材产品进行碳存储／用废木料代替化石燃料来减少向大气中的碳排放(图 1.10)。

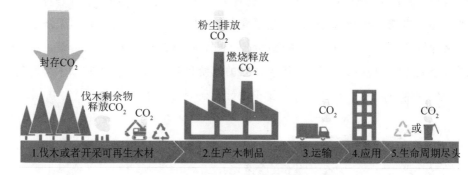

图 1.10   木材在其建筑生命周期内的碳效应

注:建筑物使用寿命结束时,大多木材被处理回收,此时封存的 CO_2 均随木材的分解而释放。其中伐木剩余物指树枝及树桩;粉尘排放指在工厂将原木加工为木制品时所产生的木屑与残渣,最终与 CO_2 的排放有关。

由此可见,木材在材料生产阶段能有效吸收 CO_2,在拆除回收阶段又能将部分构件回收利用,在降低碳排放方面相比传统的高密度材料(钢筋混凝土、砖石等)具有较大优势。另外,木材相比钢材及水泥对环境的影响系数也更低(表 1.7)。

表 1.7   材料生命周期对环境的影响系数

材料	水污染	温室效应	空气污染指数	固体废弃物
木材	1	1	1	1
钢材	120	1.47	1.44	1.37
水泥	0.9	1.88	1.69	1.95

木材作为一种传热系数非常低的材料,应用于建筑外围护结构能够很好

地防止某些关键部位的热桥效应。木结构住宅墙体平均传热系数为 0.217 W/(m²·K)，比节能标准规定限值低 52%；从节能方面看，木结构建筑比砖混结构可节省约 63% 的电能，采暖能耗比砖混复合保温墙体低 48%。因此在严寒地区使用木围护结构有着非常好的气候适应性。

1.3.2　低碳化

随着建筑业能耗占比的不断上升及低碳理念的深入人心，木材作为一种低碳环保材料受到越来越广泛的重视与使用，其作为建筑市场的新材料，有以下优势：(1) 与传统材料相比，木结构建筑对环境的影响更低。(2) 木材所特有的碳封存特性使建筑在全生命周期(life cycle assessment，LCA)内能够吸附周围环境中的 CO_2，从而有效平衡建筑物的碳排放。这完全优于其他建筑材料在生命周期内释放大量 CO_2 的现状。(3) 现阶段的木结构建筑大多在工厂预制构件，然后于施工现场组装完成建造，施工周期缩短的同时降低了施工阶段的建筑能耗。(4) 木结构建筑相较于同体积的混凝土结构建筑的自重较低。相较其他同体积的传统材料建筑，木结构建筑具有更轻的质量，因此可减少建筑物的结构荷载，其结构费用也随之降低。

木材作为结构性能优良的环保型建筑材料被广泛应用于世界各地，且适用于各种建筑类型，图 1.11 所示为 2017 年全球居住建筑及公共建筑材料使用状况，从中可知：木材在北美、大洋洲及非洲等地被广泛用于居住建筑，同时公共建筑中使用木材建造逐渐普及。在我国，木材多被应用于居住建筑，在公共建筑中应用较少。

现阶段我国木构造建筑发展相对滞后，系统性理论及示范工程实践也略显不足。针对此现状，住房城乡建设部联合国家市场监督管理总局相继出台了多项木构造建筑的技术标准及工程规范，见表 1.8，并倡导在新建筑中应用节能材料，这预示着木建筑在我国具有巨大的发展潜力与广阔的应用前景。

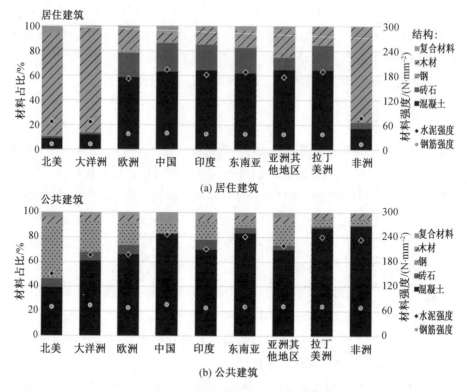

图 1.11 2017 年全球居住建筑及公共建筑材料使用状况

表 1.8 我国木构造建筑技术标准及工程规范

时间/年	名称	主要内容
2021	《木结构通用规范》(GB 55005—2021)	规定木结构建筑设计、施工、质量验收等全过程的统一要求,确保其安全与品质
2018	《木骨架组合墙体技术标准》(GB/T 50361—2018)	修订和完善了木骨架组合墙体材料的相关性能要求及技术规定
2017	《木结构设计标准》(GB 50005—2017)	完善了胶合木结构、轻型木结构的设计
2017	《多高层木结构建筑技术标准》(GB/T 51226—2017)	适用于多层木结构民用建筑、高层木结构住宅建筑及办公建筑,其中混凝土核心筒木结构在 6 度抗震设防区可建 18 层,限高 56 m

续表1.8

时间/年	名称	主要内容
2016	《装配式木结构建筑技术标准》 (GB/T 51233—2016)	满足我国装配式木结构建筑发展的需要
2012	《轻型木桁架技术规范》 (JGJ/T 265—2012)	适用于轻型木桁架节点连接及相关结构体系设计
2012	《胶合木结构技术规范》 (GB/T 50708—2012)	适用于承重胶合木结构设计
2012	《木结构工程施工规范》 (GB/T 50772—2012)	完善木结构工程的施工规范,总结各项施工经验
2012	《木结构工程施工质量验收规范》 (GB 50206—2012)	规定了不同木结构工程的施工质量的通用要求和标准

1.4　木构造建筑的发展基础

1.4.1　环境基础

严寒地区在冬季气候恶劣,为保证建筑内部的热舒适性,严寒地区集中供暖时间一般为当年的 10 月中下旬至次年的 4 月中下旬,时长约 6 个月,而其他地区供暖时间一般为 11 月中下旬至次年 3 月中下旬,时长约 4 个月,因此严寒地区的建筑每年采暖要消耗大量能源,尤其是如体育建筑、商业建筑等的大型公共建筑,向大气排放了大量温室气体。已有研究证明,木材料应用于建筑时具有明显的节能固碳效益,因此在节能减排背景下,严寒地区体育馆使用木材是发展趋势之一。

另外,木材相比于钢材、混凝土等材料热导率较低,皮肤接触时更温暖,因此在同样寒冷的北欧地区,多在建筑内部使用木材,为使用者提供良好的视觉与触觉感受(图1.12～1.14)。因此,严寒地区的气候环境为木构造体育馆建筑的发展提供了环境基础。

图 1.12　坦佩雷艺术博物馆的室内木质界面

图 1.13　维奇教堂的木构件与家具

图 1.14　阿尔托大学 Väre 大楼的木质内格栅

1.4.2　林业资源基础

我国利用木材建造建筑由来已久,并发展出了3种典型的木结构——抬梁式、穿斗式与井干式。其中抬梁式利用横梁创造了内部无柱的大空间,因此在古代宫殿、寺庙等大型建筑中大量应用。古代木材加工技术不成熟,大型建筑中的梁及柱子等通常需要整个树木(原木)做成,这导致在近代时木材成为一种珍贵的自然资源,我国政府也从 20 世纪 90 年代中后期开始出台一系列政策禁止木材乱砍滥伐。随着对环境日渐重视,我国在植树造林和森林保护方面取得显著成绩,林业资源不断丰富。相关数据显示,在 2008 年,我国森林面积约为 1.955 亿 hm²(1 hm² ≈ 10 000 m²),占全国国土面积的 20.36%;到 2018 年底,全国森林覆盖率达到22.08%;截至 2019 年底,全国森林覆盖率达到22.96%(图 1.15)。

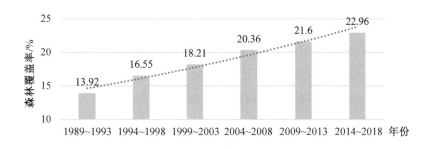

图 1.15　我国森林覆盖率发展情况

数据来源:国家林业和草原局第四～九次全国森林资源清查主要结果。

另外,速生林种植技术的完善也将有助于木建筑的推广。速生林是指轮伐周期短的人工林,树木周期短、单位面积产量高,可在不影响森林资源的前提下科学砍伐并种植,使砍伐木材的速度与木材生长速度保持动态平衡,真正实现木材利用可持续。森林资源的不断丰富及速生林种植技术将为木构造建筑的发展打下坚实基础。

1.4.3　材料技术基础

现代工程木是指通过木加工技术对天然木材进行处理,改善原木缺陷,提高木材利用率,为木材工业化生产提供坚实基础。相比于传统的木材料,现代工程木主要有以下优点。

(1)生态环保、木材利用率高。现代树木种植技术科学高效,使砍伐木材的速度与木材生长速度保持动态平衡,真正实现木材利用可持续。同时木结构在建造时所消耗的能耗也远低于钢筋混凝土等材料。古代大型建筑要实现大空间采用的主要是整个原木,而小型树木及一些木材废料无法得到充分利用。现代工程木在延续木材绿色、环保、可持续特点的基础上,利用胶黏等加工技术将小尺寸木材加工成为一个整体,且其尺寸及形状也可突破传统木材的限制,在满足木结构受力合理的同时,也充分体现了木结构的美学特点。

(2)力学性能优异。原木中存在木节、裂缝等缺陷,会影响木材力学性能。现代工程木在加工时可将这些缺陷去掉,改善力学性能。另外,木材受力具有典型的各向异性特点,即平行木材纤维方向的抗拉及抗压性能良好,该方向的力学性能大约是垂直木纤维方向的10倍。正交胶合木(CLT)将相邻的两层木板交叉放置,木板之间涂上强力胶,在一定温度、一定压力下压合而成,使得木板两个方向都保持较高的结构刚度,一般运用于楼盖、屋盖结构(图1.16)。层板胶合木(GLT)是纤维方向一致的 3~9 层木板叠层胶黏,总厚度一般不大于 500 mm,强度质量比较大,适用于大跨度、大空间建筑(图1.17)。胶合板(plywood)相邻层板方向垂直正交,且各层单板对称组合放置,结构稳定性好,在建筑中适用范围广泛(图1.18)。定向刨花板(OSB)利用干燥、施胶等方式,将刨切好的木刨片层层交错定向铺装,最终热压成型,可运用于墙板、楼板、屋顶等结构部位(图1.19)。

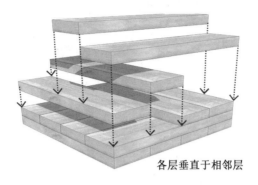

各层垂直于相邻层

图 1.16　正交胶合木(CLT)

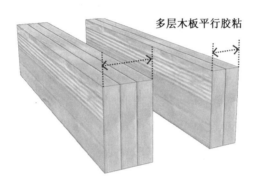

多层木板平行胶粘

图 1.17　层板胶合木(GLT)

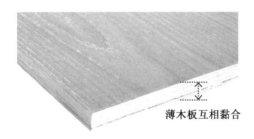

薄木板互相黏合

图 1.18　胶合板(plywood)

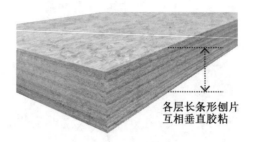

各层长条形刨片
互相垂直胶粘

图 1.19　　定向刨花板（OSB）

（3）耐火、防腐、防虫蚁性能提升。木建筑损坏的原因主要包括火灾、受潮腐蚀及虫蚁，这是由传统木材料的缺陷所导致的。因此木建筑相对钢筋混凝土建筑来讲使用年限短，耐久性差，需要定期进行维护。现代工程木在木材加工过程中进行相应处理，提高了木材的耐久性。

在耐火性能方面，现有实验测试表明胶合木结构在不断燃烧的过程中，木材本身会以 0.6 ～ 0.8 mm/min 的速率形成碳化层，降低燃烧速率，胶合木断面在温度达 800 ℃ 时未碳化部分占到 75％，仍可承受荷载。因此，设计木构造大跨度结构时，只需按照建筑防火要求对木结构设计预留燃烧层，即可保证碳化层内部的木结构满足防火性能及受力性能。另外，木结构也常采用石膏板等饰材作为外包防护结构，着火时石膏板的结晶水蒸发，确保了板材背火面的低温，从而避免木材着火。

就耐腐蚀性能来看，现代工程木中一般在木材黏合处理之前就对其木板进行防腐处理，从而提高了胶合之后的工程木防腐性能，同时提升了木构造建筑的耐久性。

就防虫蚁性能来说，工程木在加工时可直接选择天然具有防虫蚁能力的木材，如北欧赤松、西部红雪松等；另外也可在建筑重点部位如靠近地基处采用经过加压、防腐、防虫处理的工程木。

1.5　　木构造建筑的建造技术

本节以体育馆为例，对木构造建筑建造技术进行分析。体育馆包含的体育空间、附属空间与交通联系空间在设计时相对较为固定，因此运用木材或者传统的钢筋混凝土材料对建筑功能及各功能空间尺寸并无太大影响。材料对体育馆建筑设计影响较大的方面主要包含结构形态、节点及围护结构的设计。另外，由于木构造体育馆建筑从属于木构造大跨度建筑，上述提到的 3 个方面在木构造大跨度建筑中的应用技术都可推广到木构造体育馆建筑中，因此下面针对结构形态、节点及围护结构 3 个方面来阐述木构造大跨度建筑的发展情况。

1.5.1　结构形态

现代木构造大跨度结构的发展主要以传统的钢结构及钢筋混凝土结构为基础，如框架、桁架、拱、悬索、薄壳等，因此下面将根据常见大跨度结构类型对木构造大跨度结构形态进行阐述。

1.框架结构

木框架结构完全从传统结构继承而来，梁为受弯构件，然后将竖向荷载传递给竖向柱子，传力方式较为简单。相比于其他木构造大跨度结构形态，木框架结构在既有建筑应用较少。例如，里昂国立高等建筑学校为一个中间包含长向中庭的两层建筑，二层还利用吊装方式做了局部夹层。在该建筑的二层中，截面为 20 cm×20 cm 的木梁与地面形成三角形的框架结构，对整体空间进行划分，节点处采用金属节点，简洁的结构形态与节点设计对原有建筑空间的空阔感不会产生负面影响。

2.平面桁架结构

平面桁架结构是由木杆件构成的格构式结构体，属于平面受力体系，弦杆承受弯矩，上弦杆与下弦杆之间的腹杆承受剪力。例如，瑞士 Polysportif 中心游泳馆通过杆件将各榀平面桁架固定成为一个整体，使得平面桁架易出现的失稳问题得到优化。再如，挪威哈马尔体育馆结构形态与外部造型相统一，沿短跨方向采用平行的 19 榀木桁架形成拱形，从两端至中部逐渐升高，然后在最高点以一榀长跨方向的大拱架将整个桁架结构连接成为整体，保证整体的结构稳定性(图 1.20)。

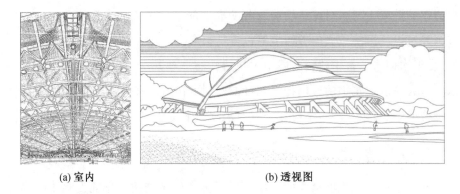

| (a) 室内 | (b) 透视图 |

图 1.20　挪威哈马尔体育馆室内及透视图

3.拱结构

拱结构使受力与形态融合,整个结构呈上凸曲面形状,只承受分布均匀的轴向应力,能充分利用木材料优良的抗压性能。拱结构存在的水平推力可由水平的拉杆承担,也可由竖向的承重结构承担,还可以拱结构直接落地,建筑屋顶与侧界面融为一体,由基础或位于地面的固定点为拱结构抵抗侧推力。在实际木构造大跨度建筑案例中,采用最后一种方式的情况居多。例如在上述的挪威哈马尔体育馆中,一榀榀木桁架成拱形,形成拱桁架,拱脚水平推力由预应力混凝土支柱承担,两种结构结合形成轻巧的结构形态(图 1.21)。

| (a) 挪威哈马尔体育馆拱结构 | (b) 拱结构拱脚处支座 |

图 1.21　挪威哈马尔体育馆拱结构与拱脚处支座

在贵州紫云格凸户外运动体验馆中,采用异形曲梁拱结构形成跨度40 m、高33 m的建筑主体,木拱的截面尺寸为350 mm×1 500 mm,在施工时采用整体吊装(图 1.22)。一榀榀的木拱沿长跨方向在最高点依次降低,与外围护结构结合后形成多面体的建筑造型。木拱脚处同样采用钢节点与地面上的预应力混凝土支墩连接(图 1.23)。

图 1.22 紫云格凸户外运动体验馆木结构整体吊装

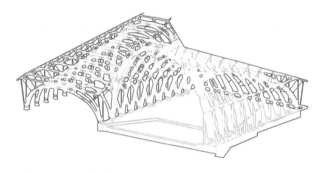

图 1.23 木拱拱脚与地面上的预应力混凝土支墩连接

4.悬索结构

悬索结构的特点是以索及边缘构件来实现大空间,只有轴向拉力,适合抗拉强度较好的材料。木材与钢材相结合,形成钢木混合的悬索结构,增加结构稳定性。日本长野奥林匹克纪念竞技场(M 波浪,M-wave)即采用此结构(图1.24、图 1.25),屋面采用集成材与钢板,结构形态为结构自然受力状态;多榀平行的悬索结构依次升高 3 m,跨度也逐渐扩大,形成波浪般的起伏感,呼应周围起伏的群山环境。另外,M 形状使得建筑内部空间容量减小,节省建筑运营能耗。

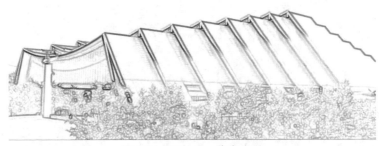

图 1.24   M-wave 波浪造型

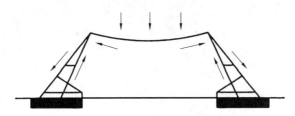

图 1.25   M-wave 悬索结构受力示意图

5.网格结构

网格结构隶属于空间杆系结构,杆件一般承受轴向力,节点处采用金属节点连接,用料经济。网格结构中只承受轴向力,可充分发挥木材的抗拉抗压特性。根据网格呈现形式分类,可分为平板状的网架及曲面状的网壳。

(1)网架结构。网架结构是由一定量的有规律的杆件组成的网状结构,结构刚度较大,因而杆件较纤细。日本小国町民体育馆即采用角锥网架结构,共使用5 602根木杆件及1 455个球节点,一个球节点连接8根木杆件(图1.26、图1.27)。网架结构采用间伐木材,提高了木材资源利用率。

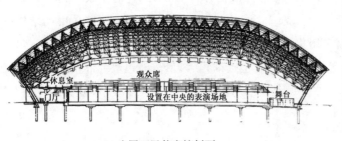

(a) 小国町民体育馆剖面

(b) 小国町民体育馆室内的网架结构

图 1.26   日本小国町民体育馆网架结构

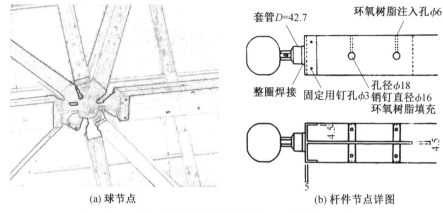

（a）球节点　　　　　　　　　　（b）杆件节点详图

图 1.27　日本小国町民体育馆球节点及木杆件节点详图

（2）网壳结构。网壳结构是网架结构曲面化的结果，即以按照一定规律组成网格的杆件为基础，按壳体结构进行布置，受力特点是大部分荷载由杆件轴向力承担。在奈良丝绸之路博览会中，登大路会场即采用这种结构（图 1.28）。该网壳木构件是截面尺寸为 40 mm×70 mm 的杉木，纵横间距为 500 mm，并在节点处采用 9 mm 大小的螺栓进行连接。坂茂在为斯沃琪（Swatch）设计的总部中采用了该结构。该建筑总长 240 m、宽 35 m，木网壳结构为建筑立面形成了基本框架（图 1.29）。拱形立面朝入口缓缓升起，然后与一个较为规则的包含博物馆和一个会议厅的建筑相接，立面最高点达 27 m（图 1.30、图 1.31）。天津华侨城文化演艺中心采用了美国花旗松胶合木网壳结构，实现了跨度达 85 m 的穹顶，其荷载主要由 6 m 高的混凝土柱子及边缘的混凝土圈梁支撑（图 1.32）。单层木球面网壳中的木构件非常纤细，使得穹顶非常轻盈。

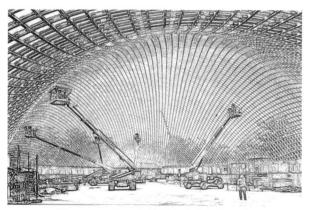

图 1.28　施工中的登大路会场木网壳

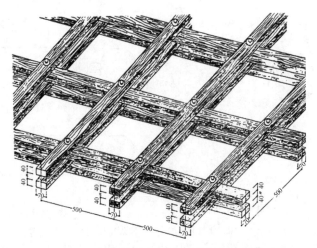

图 1.29　登大路会场木网壳节点示意图

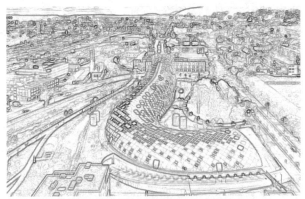

图 1.30　Swatch 总部木网壳形态

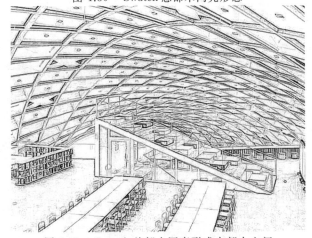

图 1.31　Swatch 总部木网壳形成内部大空间

图 1.32　　天津华侨城文化演艺中心的穹顶

6.薄壳结构

薄壳结构为空间受力体系,包含球壳、筒壳、扁壳等,特点是可以转化垂直于壳体的外力,使壳体面的薄膜力传递给支座,弯矩和扭矩较小。薄壳结构的曲面结构厚度相对较小,其受力类似于厚度很小的蛋壳却可以承受相对质量很大的物品。例如,瑞士建国 700 周年纪念馆,四层截面尺寸为2.7 cm×12 cm的木板材,交错形成木薄壳,构成 25 m×25 m×7 m 高的大空间,屋顶荷载通过薄壳传向四边的基脚上。空间受力状态使得曲面的木构件轻盈纤细,又能实现较大的空间跨度,营造干净利落的空间氛围(图 1.33)。

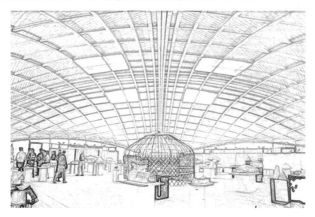

图 1.33　　瑞士建国 700 周年纪念馆

7.严寒地区木构造中小型体育馆结构选取原则

(1)气候适应性。在木构造体育馆外围护结构中,严寒地区冬季大量积雪的质量及长时间低气温下的霜冻都会对屋顶及结构产生负面效应。首先在屋顶的坡度处理上需要考虑促进积雪的滑落及融雪水的排放。其次需要考虑结构的热胀冷缩、开裂等问题，减少木构造后期损坏，降低维修更换的概率。

（2）结构空间与功能结合。对于不同功能的体育馆建筑设计相应的结构，如全民健身馆重在体育空间，其观众席可做成活动坐席，则结构可选择平屋顶这种结构高度一样的木结构形态。对于平赛结合的体育馆建筑，有一定数量的固定座椅结合少部分的活动座椅，则可选择拱结构、网壳结构等，使观众席上的冗余空间减少，降低能耗，做到绿色环保。

（3）结构逻辑性与艺术性。木结构本身作为一种力学传递清晰的典型结构，在大跨度中更能突出其结构逻辑性，结构构件主次明确，节点传力清晰。在严寒地区体育馆建筑中，通过合理的内部木结构的连接与形态走势为内部空间划分空间层次，并且利用木材的质感为人们营造温暖的室内氛围，使得结构逻辑性与艺术感染力相统一。

综合来看，上述的桁架结构、拱结构、网架结构、网壳结构等由于跨度与中小型体育馆相适宜，且造价相对来说较低，易于做成与严寒地区气候及体育馆功能相适应的形态，因此较为适用于严寒地区中小型体育馆建筑。

1.5.2　节点构造

节点是连接木结构各个部位的关键。按照节点材料及构造做法分类，木节点可分为榫卯节点（榫卯连接）、金属节点、胶合节点。在现代大跨度建筑对节点刚度要求较高的情况下，现代木结构常采用后两种。

1.榫卯节点

传统木建筑节点主要采用榫卯连接（图 1.34 ～ 1.36）。榫卯连接主要通过木构件自身之间互相咬合实现交接，一般不借助外部构件，使得建筑在节点处可实现轻微移动，因此有良好的抗震性能，适用于地震频发的国家或地区。但在工业时代，由于榫卯结构无法通过在机械上制作简单模具而成型，手工成本较高，且榫卯结构削弱了木材料的截面，无法使木材的受力性能最大化，同时由于大跨度结构中受力较为复杂，榫卯连接在现代木结构中并不常运用。

图 1.34　榫卯节点 1

图 1.35　榫卯节点 2

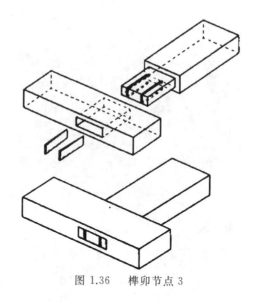

图 1.36　榫卯节点 3

2.金属节点

金属节点通常在节点处利用金属构件（以螺栓、钉为主）进行连接，是现代木结构连接主要采用的方式，其结构稳定性优于传统木结构，抗震性能优异，并且提高了木结构的跨度、高度。金属节点可在工厂预制，大大提高现场施工效率，减少施工粉尘与噪声污染。同时，金属节点形态简洁，使得木结构受力传递合理且一目了然，具有非常高的艺术观赏性。图 1.37 所示为利用金属板与两个木构件端部固定，再用螺栓进行锚固形成螺栓节点。图 1.38 所示则为各类金属构件与钉、螺栓相结合连接木构件的细部示意图。

图 1.37　螺栓节点

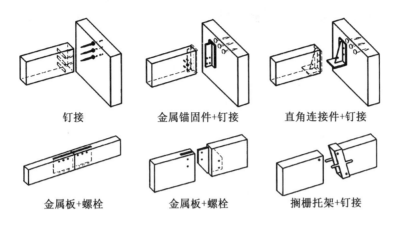

图 1.38　金属节点细部

在部分木网壳中,木构件在节点处也采用木材夹合＋金属节点的形式,形成类似于三明治的结构。木网壳在实际建造时通过不断调整木构件交汇处的角度及弯曲度来形成最终的木构造形态,调整完成后通过螺栓固定,可轻微移动,因此在地震时可局部位移抵抗地震,具有优良的抗震性能(图 1.39)。

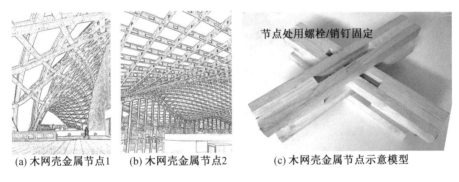

图 1.39　木网壳金属节点

3.胶合节点

胶合节点是指采用胶合物对木构件进行连接,优点是强度比榫卯节点及金属节点高,缺点是完全固定的木构件在外力作用下无法轻微位移。因此其抗震性能不如榫卯节点及金属节点,很少单独运用于木构,一般在金属节点的基础上加胶形成复合节点。

1.5.3　围护体系

在木构造住宅及办公建筑中,由于空间小且重复单元较多,可利用 CLT 等力学性能较好的木板既作为承重的构件,又作为围护结构。但是在体型较大的体育馆建筑中,内部的大空间使得其屋顶结构与竖向承重结构受力比住宅及办公建筑复杂许多,因此多采用承重结构与围护结构分离的方式。在纯木的承重结构无法为整体受力提供足够的支撑时,多采用与钢等其他材料结合的方式来弥补。在木围护结构中,由于不同地区气候不一,我国分别对 5 个气候分区的外墙、屋面等外围护结构的热工性能做出了规定。下面将分别对墙体、屋面等方面进行详细阐释。

1.墙体

在大跨度木建筑中,木墙体作为非承重外围护结构,可在工厂进行预制化整体加工。现代常见的木墙体主要采用 CLT、胶合板、OSB 等工程木板,根据不同地区的热工性能规定添加一定厚度的保温层,并在外表覆盖耐火石膏板或者木材等饰面层(图 1.40)。在外墙构造中,由于木材良好的保温性能,其所需要的保温层[可发性聚苯乙烯(EPS)、挤塑聚苯乙烯(XPS)、岩棉等]相比混凝土墙体也会薄很多,能够减少墙体面积,实现更多内部使用空间。

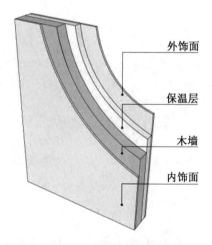

外饰面

保温层

木墙

内饰面

图 1.40　木墙体基本构造

保温层的位置也在影响外墙构造。依据现有的保温层位置类型,可将外墙分为四类:外保温、内保温、夹芯保温与组合保温。既有研究证明,在严寒地区办公建筑中,木墙的四种保温层效果各有不同,在同等构造设计方案下的外墙,夹芯保温能耗强度最低,外保温效果次之,较为耗能的是组合保温及内保温。

在本书所述的体育馆建筑中,由于内部空间较大,制冷或者取暖达到规定的温度花费时间较长,因此外墙多采用内保温或组合保温的构造方式。另外,在气候炎热或温暖地区,保温要求比较低或者无要求的,在经过防火、防腐处理后,也会采用裸露木墙的做法。

随着木墙及装配技术不断发展,我国木骨架组合墙体开始兴起。它是一种非承重轻质墙体,以木骨架为主体,内部填充保温层等材料,最外侧为饰面层(图 1.41)。这种墙体能够做到系列化、标准化及规模化,再加上配套的门窗、管线等形成配套设施,可实现整体建筑的集约化设计与建造。木骨架组合墙体需与主体结构通过螺栓、销钉等方式连接,具体构造方式如图 1.42 所示。在一些对音质要求比较高的综合性体育场馆,其外墙内表面及内墙还需要进行吸声处理,避免过长的混响时间,其墙体内表面也会根据音质要求进行相应的构造设计。

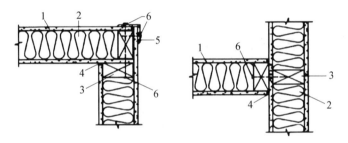

1—面板；2—填充材料；3—木骨架；4—密封胶；5—角钢；6—钉

图 1.41　木骨架墙体构造及相接构造

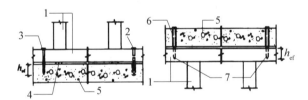

1—木骨架；2—螺栓连接；3—自钻自攻螺钉连接；4—垫块；
5—主体结构构件；6—预留孔；7—销钉连接；h_{ef}—锚固深度

图 1.42　墙体与主体结构连接示意图

2.屋面

木构造屋面由屋面板和下部支撑结构组成。下部支撑结构可采用单板层积材(laminated veneer lumber,LVL)等高刚度与高强度的工程木,木屋面板可采用胶合板或 CLT 等,在喷涂防腐剂之后,直接裸露,形成全木屋面,如在某大学体育馆的入口大楼中即结合 LVL 与胶合板,形成屋面结构。此屋面借助LVL 的高强度力学特性以 16.5 m 跨度的屋顶作为悬臂约束,实现了 12 m 的外部悬挑[图 1.43(a)]。室内的木质设计也实现了适合体育馆空间的动态质感[图 1.43(b)]。

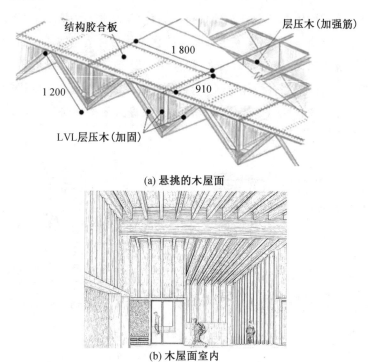

(a) 悬挑的木屋面

(b) 木屋面室内

图 1.43　直接裸露的木屋面板

　　木构造屋面也可结合木支撑结构与金属屋面板,形成复合屋面板的构造方式,如在表面覆盖一层铝板等金属板,除了能够保护内部的屋面板之外,也为屋顶造型提供了新的可能性。例如长春市全民健身中心游泳馆在翻新改造时,建筑屋面板采用胶合木结构镀铝锌屋面,下部有木主梁、次梁及木檩条作为支撑,具有刚度强、自重轻、耐腐蚀的特点。其具体构造层次如图 1.44 所示。另外,游泳馆屋顶采用波浪般起伏变化的造型,排水口结合屋面地势较低处设置,实现建筑造型与功能、技术的结合(图 1.45)。

　　与木骨架组合墙体相似,屋面构造可做成木龙骨复合屋面的形式,内侧采用石膏板作为内饰面层,向外依次是与木龙骨结合的120 mm 的保温苯板、

20 mm 的厚木板及外饰面层,防潮层放置于保温层的两侧。

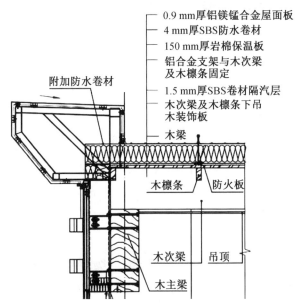

图 1.44　与外墙交界处的屋面构造

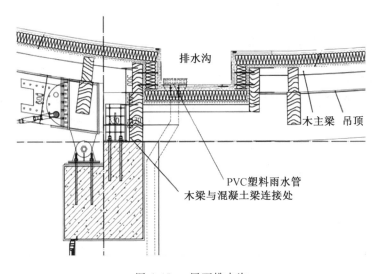

图 1.45　屋面排水沟

1.6 木构造建筑的社会效益

本节仍以体育馆为例,对木构造建筑的社会效益进行简要说明,对于木构造公共建筑的社会效益分析详见第5章。

1.6.1 为规范制定奠定基础

截至2021年,国内关于木材与木建筑的规范见表1.8。其中《多高层木结构建筑技术标准》就多层木结构民用建筑、高层木结构住宅建筑和办公建筑的设计、制作、安装、验收与维护做出规定;《装配式木结构建筑技术标准》规定了装配式木结构建筑的设计、制作、施工及验收。但是目前还没有关于木构造大跨度建筑的设计规范与指导意见。尽管国内关于轻型木建筑的工程实例也不断出现,但是就工程审批与工程验收来看程序比较烦琐,包括体育馆建筑在内的木构造大跨度建筑在设计、建造、验收时也颇有难度。因此,关于木构造大跨度建筑的规范制定亟待开展,而木构造中小型体育馆建筑的设计经验将为未来规范的制定提供一定的参考价值。

1.6.2 推广绿色木构造建筑

中小型体育馆建筑一般会作为周边的一个标志性建筑与活动中心。新兴的木构造体育馆将会在一定程度上影响建筑师对于木材这一绿色建筑材料的运用,增加大家对于绿色建筑、绿色环保的意识。例如,原新加坡国家发展部长黄循财(2024年任新加坡总理)认为,南洋理工大学体育馆 The Wave 的落成是"新加坡建筑领域的里程碑",类似这样的高效率科技在新加坡未来的建设中,有望成为"改变游戏规则"的建筑技术(图1.46)。该体育馆运用的预制化与装配式安装技术也促进了木构造技术的发展(图1.47)。由此可以看出木构造体育建筑作为一种大型绿色公共建筑,将不断推动木构造建筑的发展。

1.6.3 严寒地区地域化设计

我国热工设计分区分为严寒、寒冷、夏热冬冷、夏热冬暖、温和地区。本书主要研究分区为严寒地区。我国严寒地区下属还有二级分区,根据采暖度日数(HDD18)的不同,可划分为严寒A区(1A)、严寒B区(1B)及严寒C区(1C)(表

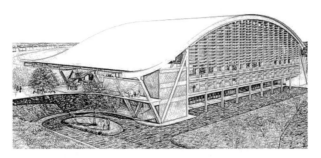

图 1.46　　The Wave 体育馆效果图

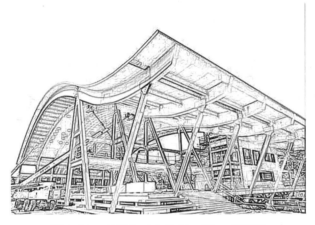

图 1.47　　机械施工中的 The Wave 体育馆

（1C）（表1.9）。

　　我国严寒地区体育建筑的起步阶段与经济发展的步调相协调,其设计以功能性、经济性为主。但在经济发展过程中也有过盲从其他地区体育建筑的情况,对形态、材料等盲目模仿,如采用大面积玻璃幕墙等,忽略气候特点与文脉特征,极易造成严寒地区体育建筑地域性的缺失,也会造成人的不适感。

　　而在严寒地区,尤其是东北区域,丰富的林业资源使得木材作为一种地域性材料一直被运用于当地建筑。将木材运用于体育馆建筑,不仅能够就地取材,利用其保温性较好的特点,适应寒冷的气候,降低后期运营成本,更能通过建筑外表皮肌理与严寒地区的地域文化相结合,创造出独特的艺术美感。探索木材这一地方传统材料与体育馆建筑的结合,将为体育建筑地域化设计提供一定方向。

表 1.9　严寒地区划分

气候分区	气候子分区	代表城市	划分标准 HDD18/(℃·d⁻¹)
严寒地区	严寒 A 区(1A)	海拉尔	6 000 ≤ HDD18
	严寒 B 区(1B)	哈尔滨	5 000 ≤ HDD18 < 6 000
	严寒 C 区(1C)	乌鲁木齐	3 800 ≤ HDD18 < 5 000

本章参考文献

[1] 习近平. 在第七十五届联合国大会一般性辩论上发表重要讲话[EB/OL]. (2020-09-22)[2023-01-08].https://www.gov.cn/xinwen/2020/09/22/content_5546168.htm.

[2] 中共中央关于制定国民经济和社会发展第十四个五年规划和二〇三五年远景目标的建议[EB/OL].(2020-11-30)[2023-01-08]. https://www.gov.cn/zhengce/2020/11/03/content_5556991.htm.

[3] 习近平. 继往开来,开启全球应对气候变化新征程 —— 在气候雄心峰会上的讲话[EB/OL].(2020-12-12)[2023-01-10].https://www.gov.cn/gongbao/content/2020/content_5570055.htm.

[4] 碳达峰碳中和工作领导小组办公室. 碳达峰碳中和政策汇编[M].北京:中国计划出版社,2023.

[5] 国务院关于加快建立健全绿色低碳循环发展经济体系的指导意见[EB/OL].(2021-02-22)[2023-01-10].https://www.gov.cn/zhengce/content/2021/02/22/content_5588274.htm? 5xyFrom = site-NT.

[6] 生态环境部. 碳排放权交易管理办法(试行)[EB/OL].(2020-12-31)[2023-01-10].https://www.gov.cn/zhengce/zhengceku/2021/01/06/content_5577360.htm.

[7] 生态环境部. 全国生态环境保护工作会议在京召开[EB/OL].(2022-01-08)[2023-01-10]. https://www.gov.cn/xinwen/2022/01/08/content_5667121.htm.

[8] 国家发改委:将从六大方面推动实现碳达峰、碳中和[EB/OL].(2021-02-03)[2023-01-10]. http://energy.people.com.cn/n1/2021/0203/c71661-

32021354.html.

[9] 财政部. 2020 年中国财政政策执行情况报告[EB/OL].
(2020-03-06)[2023-01-10]. https://www.gov.cn/xinwen/2021-03/06/content_
5590913.htm.

[10] 国务院新闻办举行发布会 介绍 2020 年工业和信息化发展情况[EB/OL].
(2021-01-26)[2023-01-10]. https://www.gov.cn/xinwen/2021-01/26/content_
5583220.htm.

[11] 中华人民共和国国务院新闻办公室.《新时代的中国能源发展》白皮书
[EB/OL].(2020-12-21)[2023-01-10]. https://www.gov.cn/zhengce/2020-12/21/
content_5571916.htm.

[12] 中国人民银行.2021 年中国人民银行工作会议召开[EB/OL].
(2021-01-06)[2023-01-10].https://www.gov.cn/xinwen/2021-01/06/
content_5577522.htm.

[13] 中华人民共和国住房和城乡建设部,国家市场监督管理总局.建筑碳排放
计算标准:GB/T 51366—2019[S]. 北京:中国建筑工业出版社,2019.

[14] 林波荣.建筑行业碳中和挑战与实现路径探讨[J].可持续发展经济导刊,
2021(Z1):23-25.

[15] 清华大学建筑节能研究中心.中国建筑节能年度发展研究报告 2020(农村
住宅专题)[R]. 北京:中国建筑工业出版社,2020.

[16] TENG Y, LI K J, PAN W, et al. Reducing building life cycle carbon
emissions through prefabrication: Evidence from and gaps in empirical
studies[J]. Building and environment, 2018,132(15): 125-136.

[17] 孙彤宇,刘莎,史文彬. 净零能耗建筑的未来意义及其实施路径[J]. 建筑
技艺, 2020, 26(8): 18-23.

[18] 本刊. "双碳目标"催动建筑行业低碳转型[J]. 建筑, 2021(8): 14-17.

[19] 吴健梅,李国友,徐洪澎. 当代视角下的木建筑解读、思考与创作[M]. 北
京:中国建筑工业出版社, 2014.

[20] 韩晓峰,郝峻弘. 当代木构建筑的结构类型初探[J]. 新建筑,2015(2):
113-117.

[21] 钮彬,张海燕,张宇. 现代木建筑美学分析[J]. 城市建筑,2020,17(23):
70-71.

[22] 邹青. 老木新花 —— 新型木构建筑的结构表现[J]. 新建筑，2013(6)：126-129.

[23] 贺杰. 集成时代下的木结构建筑节点表现探究[J]. 门窗，2017(11)：42-44.

[24] 刘康. 现代大跨度木结构建筑的建构研究[D]. 成都：西南交通大学，2015.

[25] 郝春荣. 从中西木结构建筑发展看中国木结构建筑的前景[D]. 北京：清华大学，2004.

[26] 陈越，金海平. 2000 年德国汉诺威世博会日本馆[J]. 城市环境设计，2015(11)：190-193.

[27]GOLDSTEIN E E，GOLDSTEIN E W. Timber construction for architects and builders[M]. New York：McGraw-Hill Professional，1999.

[28]COUNCIL A W. Wood frame construction manual for one- and two-family dwellings[M]. Virginia，US：American Wood Council，2018.

[29]ZWERGER K. Wood and wood joints：Building traditions of Europe，Japan and China[M]. 3rd，enlarged edition. Basel，Switzerland：Birkhäuser，2015.

[30]KITEK M，KUTNAR A. Contemporary Slovenian timber architecture for sustainability[M]. Cham：Springer International Publishing，2014.

[31]WEINAND Y. Advanced timber structures：architectural designs and digital dimensioning[M]. Basel，Switzerland：Birkhäuser，2016.

[32]American Institute of Timber Construction. Timber construction manual[M]. 6th ed. Hoboken，New Jersey：John Wiley & Sons，Inc.，2012.

[33]彭相国. 现代大跨度木建筑的结构与表现[D]. 哈尔滨：哈尔滨工业大学，2007.

[34]Ministry of Natural Resources. State of Ontario's Natural Resources—Forests 2016[R]. Ontario，Canada：2016.

[35]《木结构设计手册》编辑委员会. 木结构设计手册[M]. 3 版. 北京：中国建筑工业出版社，2005.

[36]王晓欢. 轻型木结构住宅节能与墙体传热研究[D]. 北京：中国林业科学

研究院，2009.

[37]BERGMAN R D, BOWE S A. Environmental impact of manufacturing softwood lumber in northeastern and North Central United States[J]. Wood and fiber science，2010，2010(42)：67-78.

[38]CABRERO J M, IRAOLA B, YURRITA M. Failure of timber constructions[M]//Handbook of materials failure analysis. Amsterdam：Elsevier，2018：123-152.

[39]RAMAGE M H, BURRIDGE H, BUSSE-WICHER M, et al. The wood from the trees：The use of timber in construction[J]. Renewable and sustainable energy reviews，2017，68(1)：333-359.

[40]ZHANG X Y, POPOVSKI M, TANNERT T. High-capacity hold-down for mass-timber buildings[J]. Construction and building materials，2018，164：688-703.

[41]IEA, UNEP. 2018 Global Status Report：Towards a zero-emission, efficient and resilient buildings and construction sector[R/OL]. 2018：1-73. [2019-11-05]. https：//wedocs.unep.org/bitstream/handle/20.500. 11822/27140/Global_Status_2018.pdf? sequence＝1&isAllowed＝y.

[42] 新华社. 住房城乡建设部将从六个方面入手抓建筑节能工作[EB/OL]. (2009-03-06)[2019-04-20].http：//www.gov.cn/jrzg/2009-03/06/content_1252485.htm.

[43] 中华人民共和国住房和城乡建设部. 木骨架组合墙体技术标准：GB/T 50361—2018[S]. 北京：中国建筑工业出版社，2018：1-68.

[44] 中华人民共和国住房和城乡建设部. 木结构设计标准：GB 50005—2017[S]. 北京：中国建筑工业出版社，2017：1-232.

[45] 中华人民共和国住房和城乡建设部. 多高层木结构建筑技术标准：GB/T 51226—2017[S]. 北京：中国建筑工业出版社，2017：1-69.

[46] 中华人民共和国住房和城乡建设部. 装配式木结构建筑技术标准：GB/T 51233—2016[S]. 北京：中国建筑工业出版社，2017：1-57.

[47] 中华人民共和国住房和城乡建设部. 轻型木桁架技术规范：JGJ/T 265—2012[S]. 北京：中国建筑工业出版社，2012：1-84.

[48] 中华人民共和国住房和城乡建设部. 胶合木结构技术规范：GB/T

50708—2012[S]. 北京：中国建筑工业出版社，2012：1-153.

[49] 中华人民共和国住房和城乡建设部. 木结构工程施工规范：GB/T 50772—2012[S]. 北京：中国建筑工业出版社，2012：1-103.

[50] LIU Y，GUO H B，SUN C，et al. Assessing cross laminated timber (CLT) as an alternative material for mid-rise residential buildings in cold regions in China—A life-cycle assessment approach[J]. Sustainability，2016，8(10)：1047.

[51] DONG Y，CUI X，YIN X Z，et al. Assessment of energy saving potential by replacing conventional materials by cross laminated timber (CLT)—A case study of office buildings in China[J]. Applied sciences，2019，9(5)：858.

[52] GUO H B，LIU Y，CHANG W S，et al. Energy saving and carbon reduction in the operation stage of cross laminated timber residential buildings in China[J]. Sustainability，2017，9(2)：292.

[53] 郭白莉，刘兴. 现代技术下的木结构建筑[J]. 华中建筑，2006，24(7)：75-77.

[54] 崔雪. 严寒地区办公建筑正交胶合木外围护结构节能及构造设计研究[D]. 哈尔滨：哈尔滨工业大学，2019.

[55] 张红娜. 新型建筑围护形式 木骨架组合墙体[J]. 工程建设标准化，2014(7)：49-51.

[56] 中华人民共和国住房和城乡建设部. 木骨架组合墙体技术标准：GB/T 50361—2018[S]. 北京：中国建筑工业出版社，2018.

[57] 苏雨晴. 寒地建筑现代木结构屋顶建构技术研究[D]. 长春：吉林建筑大学，2019.

[58] 中华人民共和国住房和城乡建设部，国家质量监督检验检疫总局. 木结构工程施工质量验收规范：GB 50206—2012[S]. 北京：中国建筑工业出版社，2012.

第 2 章　木构造公共建筑的文化效益

"伐木不自其本,必复生。"《国语·晋语》中的这句话道出了树木顽强的生命力。

中国人在房屋建设上表现出对大自然的浓厚感情。对于建筑,我国传统思想不追求"原物长存",大家普遍认为建筑也是有新陈代谢的,每过一段时间就需要更换。就像树木一样,源于土地最终归于土地。虽然木易朽易焚,但它储存了中华民族千百年的智慧。

2.1　木材与中国传统生活

中国人用"土木"工程来表达建设和建造的概念,《抱朴子·外篇·诘鲍》中有云:"起土木於凌霄,构丹绿於梦橑"。西方人则利用石头来建造家园,法国文豪维克多·雨果曾用"一部石头写成的历史"来评价西方建筑史。中国人在几千年的历史中一直坚持用看似"弱不禁风"的木材来建造居所,在漫长的历史中将木质工艺做到了极致。可以说中国人与木材密不可分,树木融入了中国人民的生活。

2.1.1　历史根源

"木",冒也。冒地而生。东方之行,从草,下象其根。(《说文解字》卷六《木部》)木字为象形文字,最早见于甲骨文,其形体脱胎于木的自然形态,上部为树枝,下部为树根,中间为树的主干。据统计,《康熙字典》中,将"木"作为部首的字中,大约 30% 的文字都与建筑有关。如图 2.1 所示。

远古时期,原始人就开始钻木取火,后来人们发现木材可以支撑起房屋,可以制作农业用具、桌椅板凳及艺术欣赏品。木被应用在方方面面,小到木筷,大到房屋结构,都与木有关。

中国人有着恋木的情结,当西方建筑从木构造建筑走向砖石建筑的时候,中国人仍在坚持使用乔木建屋。这与中国人的阴阳五行观念有关。五行一般

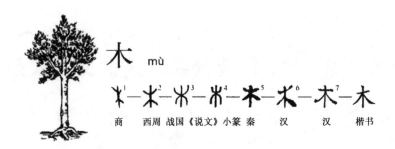

图 2.1　木字起源

指的是金、木、水、火、土，其中，木代表春天和生长，《春秋繁露》记有"木者，春生之性"。它是五行中最适合建造房屋的材料。农民在土地上种植食物，"种植"衣物，同时也"种植"出房屋，经历千百年之后，这些房屋又会回归自然，转化而促进新一代木材生长。

2.1.2　日常生活

中国人的生活离不开木头，这体现在方方面面。人们居住在木头搭建的房屋中，欣赏着院落中随四季变化的树木，手里拿着木制碗筷吃饭，这是我国古代人民的生活常态。古代劳动人民用木头制作农具、家具及餐具；将木作为材料制作雕版，印刷文字，传播文化。此外，中国人还用木头制作乐器，中华民族乐器的很大一部分都是木质乐器。可以说中国人用木造万物，吃、穿、住、行、用，生活的点点滴滴无不与"木"息息相关。

2.2　传统木结构种类解析

我国建筑体系中常见的木结构的主要形式有抬梁式、穿斗式和井干式；除此之外，宋代《营造法式》中将木结构分为殿堂式、厅堂式；《清工部〈工程做法则例〉》中将大木做法分为大木大式和大木小式两类。

2.2.1　传统木结构的发展历程

1.穿斗式

穿斗式结构是从干栏式木构架基础上发展而来的。干栏式建筑最早发现于浙江余姚河姆渡,这种建筑主要以竹木为建筑材料,架构在竹木搭建的柱基上,离地面有一定的距离。这与它所存在的环境有关,一般干栏式建筑常见于热带、亚热带地区的湿热环境中,是该类区域的原生型木构架类型。干栏或木构架去掉底层架空空间发展到地面建筑后,自然演化为穿斗式结构。

2.井干式

据相关考证,中国商代墓椁中已应用井干式结构,汉墓仍有应用。所见最早的井干式房屋的形象和文献都属汉代。《史记·孝武本纪》有记载井干楼,称"乃立神明台、井干楼"。在云南晋宁石寨山出土的铜器中就有双坡顶的井干式房屋。《淮南子·本经训》中有"延楼栈道,鸡栖井干"的记载。

3.抬梁式

抬梁式的历史可以追溯到新石器时代的窝棚,这是地面建筑木构架的开始,秦汉时期窝棚发展出的"大叉手"结构则是抬梁式的前身。后经长时间的累积和建造技术的进步,逐渐发展形成为抬梁式结构。由于中国封建社会的等级制度,建筑被分为许多个等级,抬梁式木构架的组合和各部分构件的用料存在很大的差别。

4.殿堂式和厅堂式

宋代《营造法式》主要记载了官式建筑的主要做法,殿堂式与厅堂式是其中两种主要的建筑形式,更多的是从建筑功能角度来定义建筑结构的做法。

总体而言,木构的发展由简到繁,再由繁到简,不断提高。至明清时期从官式建筑看,木构造建筑的整体性随建筑体量的增大而增强,构件之间的节点简单牢固,呈现出高度的标准化、定型化特征。

2.2.2　结构详解及相关案例

1.穿斗式

穿斗式结构是我国南方民间木建筑的主要形式,在《营造法式》和《清工部

〈工程做法则例〉》中都未述及。它直接以落地木柱支撑屋顶的质量，柱径较小，柱间较密，穿枋沿房屋横向穿过柱子，斗枋沿纵向穿过柱子，两者结合固定排架，从而形成木框架。不同于梁柱式结构，穿斗式结构不设梁，檩子直接搁置在柱顶上。这种结构一般应用在屋的两侧，可以增加屋侧墙壁（山墙）的抗风能力，并且原材料培育时间较短，选材和施工都较为方便。如图2.2所示。

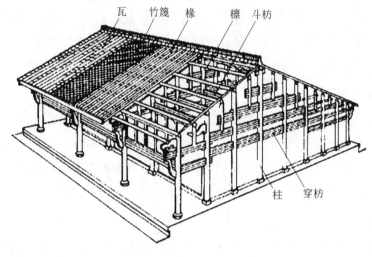

图 2.2　穿斗式

2.井干式

井干式房屋使用圆形、方形或者六角形木料层层堆砌而成，不设置立柱和大梁。在重叠木料的每端各挖出一个能承托另一木料的沟槽，纵横交错堆叠成井框状的空间，再在左右两侧壁上立矮柱承脊檩构成房屋。其中，四周相互交错叠置的壁体，既是房屋的围护结构，也是房屋的承重结构。井干式结构是我国传统民居的一种主要类型，由于其耗木量较大，围合的空间具有良好的保温性能，一般分布在一些林业资源丰富的地区，如东北林区和西南山区。如图2.3所示。

案例：怒族的"平座式"垛木房。

怒族主要聚居在滇西北的怒江峡谷中，该地区地势起伏，多为坡地。因此，怒族的民居大都建立在坡上，为了适应地形，该地区出现了"平座式"垛木房这一建筑类型。有学者对这一类型建筑进行了详细阐述，"……在起伏的坡地上修建垛木房时，先用短柱及梁、板搭成一个平座或平台，地形高差利用平座支柱

图 2.3　井干式

的高矮来调节,然后再在平座上建垛木房,这种垛木房巧妙地结合了坡地空间,自成一体,因此有别于在地面上修建的垛木房,比其他地区的木楞房多了一个'平座',因此称之为'平座式''垛木房'"。如图 2.4 所示。

图 2.4　怒族的"平座式"垛木房

3.抬梁式

抬梁式又称叠梁式,是北方木建筑的主要形式。它是指在立柱上架梁,梁上又架梁,是我国传统的木构造建筑形式,被广泛用于宫殿、坛庙、寺院等大型建筑中。它的优点是减少了室内竖柱,扩大了室内空间。但是这种结构用柱较少，单个柱子需要承受的压力较大，对柱子柱径及梁的跨度尺寸要求较大，耗材比"穿斗式"多。如图 2.5 所示。

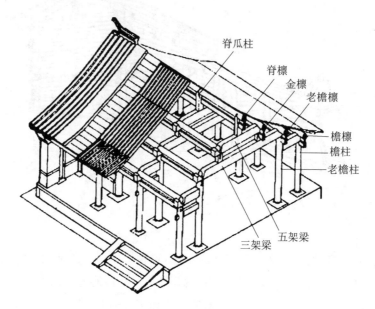

脊瓜柱
脊檩
金檩
老檐檩
檐檩
檐柱
老檐柱
三架梁
五架梁

图 2.5   抬梁式

案例：山西芮城广仁庙正殿。

广仁庙正殿为我国现存唐朝木构造建筑遗物，面阔五间进深三间，为单檐歇山顶式建筑。与南禅寺大殿类似，殿内无柱，室内顶棚梁架全部外露。由于规模较小，因此在做法方面有些简化，不设普拍方、补间铺作（平身科斗拱）及令拱。整个建筑结构简练、朴实无华，颇具大唐遗风。如图 2.6 ～ 2.8 所示。

图 2.6   山西芮城广仁庙正殿正立面图

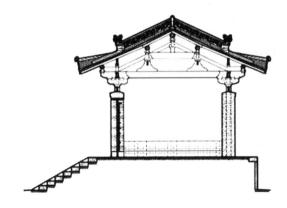

图 2.7 山西芮城广仁庙正殿剖面图

图 2.8 山西芮城广仁庙正殿内部透视图

4.殿堂式

殿堂式结构主要用于大型殿宇,它采用水平分层做法,特点为自下而上分层 —— 柱网层、铺作层、屋架层,逐层垒叠:柱网层由外檐柱和屋内柱组成,内外柱几乎等高,各柱柱头之间以阑额连接,柱脚之间以地栿连接。其上铺作层由搁置在外檐柱和屋内柱柱网之上的铺作组成,铺作之间由柱头方、明乳栿等拉结咬合,形成稳固的水平框架,继而将屋架层架设在铺作层之上。其中铺作层起到保持构架整体稳定和均匀传递荷载的作用,斗拱的结构机能在这里得到充分体现。殿堂式结构构架的平面均为整齐的长方形,分心槽、单槽、双槽及金厢斗底槽。该体系更多地反映北方建筑的构架精神。如图 2.9、图 2.10 所示。

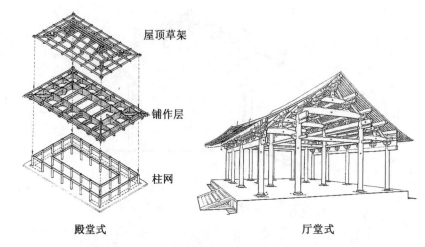

图 2.9　殿堂式与厅堂式图解

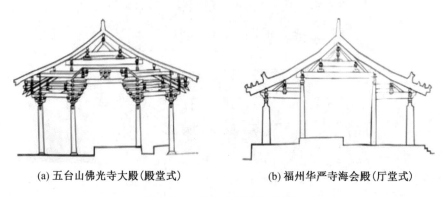

(a) 五台山佛光寺大殿(殿堂式)　　　　　(b) 福州华严寺海会殿(厅堂式)

图 2.10　殿堂式与厅堂式剖面

案例1:唐朝佛光寺大殿。

五台山佛光寺大殿是唐朝木结构建筑的代表,为典型的殿堂式结构。大殿面阔七间,深四间,平面为典型的金箱斗底槽。斗拱硕大,屋檐出挑深远,这一时期的斗拱结构作用明显,力学性能与美学作用完美结合,体现了唐朝建筑结构简单、建筑风格质朴、整体造型雄伟的特点。如图 2.11 ～ 2.13 所示。

案例2:应县木塔。

应县木塔建于辽清宁二年(1056),位于山西省应县城内西北佛宫寺的前部中心位置。木塔修建在一个石砌高台上。台高 4 m 余,上层台基和月台角石上雕有伏狮,风格古朴,是辽代遗物。台基上建木构塔身,塔的底层平面呈八角形,外观5层,内部1～4层,每层有暗层,实为9层。如图 2.14、图 2.15 所示。

图 2.11　唐朝佛光寺大殿正立面

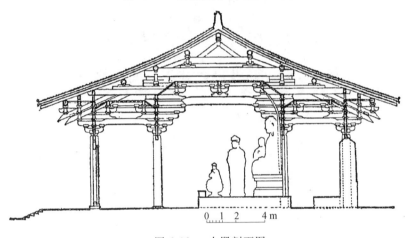

图 2.12　大殿剖面图

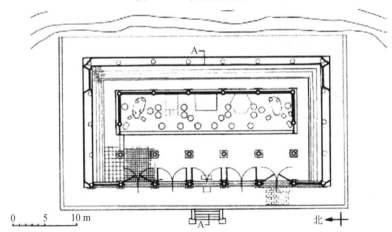

图 2.13　大殿平面图

图 2.14　应县木塔正立面

(a) 立面图　　　　　　　　　　　　(b) 剖面图

图 2.15　应县木塔测绘图纸

5.厅堂式

厅堂式结构的组织方式并非高度上的逐层垒叠,而是水平方向各扇屋架的逐间串联,是一种梁架分缝的做法。由于每缝(扇)屋架自身需要完全承重,其内外柱无法等高,同时由于各屋架独立承重,屋架之间关联仅为拉结,不同屋架所用柱的数量与长短也均可不同,所以只要保证进深方向的步架长度与数量一致即可,每个房间的开间不受限制,平面布置相对灵活,只要相应地增加梁架的缝数即可。由于并无水平分层,铺作层十分不明显,斗拱的作用也相对弱化,构架做法相对于殿堂式结构大为简化。该体系被大量应用于南方地区。

案例:南禅寺大殿。

南禅寺大殿是我国现存最古老的木构造建筑之一。大殿面阔、进深各 3 间,由于其规模较小,因此采用厅堂式结构。殿内不设柱,为彻上露明造(无天花板)。梁架结构简单,四角柱略高,立面有升起做法,整个建筑充分发挥了木材的受力特点,体现出唐朝的艺术风格。如图2.16 ~ 2.18 所示。

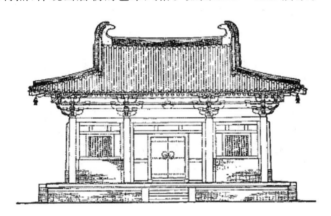

图 2.16　南禅寺大殿正立面图

图 2.17　南禅寺大殿剖面图

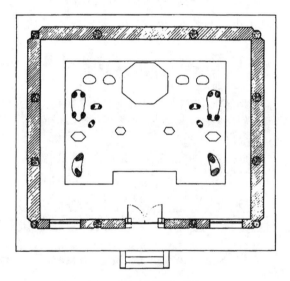

图 2.18　大殿平面图

2.2.3　中国传统木建筑结构传承

对于抬梁式、穿斗式、井干式、殿堂式和厅堂式几种结构,东南大学张十庆教授对其建构逻辑进行梳理,更清晰和概括地阐释了其区别与联系。他认为尽管中国古代建筑结构种类多样,但大致可以分为"层叠"与"连架"两种建构方式。其中穿斗式和井干式分别是层叠式和连架式的原生形态;抬梁式是一种次生形式,包含不同的结构类型。殿堂式和厅堂式可以分别对应层叠式抬梁与连架式抬梁。在此架构下,张十庆教授对这5种结构做出了以下归纳。

层叠类型的前后两个阶段及相应形式为实拍层叠与梁柱层叠,其模式可概括为:

箱式层叠 —— 实拍式层叠 —— 井干结构(井干式)。

框式层叠 —— 梁柱式层叠 —— 殿堂结构(殿堂式)。

连架类型的前后两个阶段与相应形式为串式连架与梁式连架,其模式可概括为:

串式连架 —— 串斗式连架 —— 穿斗结构(穿斗式)。

梁式连架 —— 抬梁式连架 —— 厅堂结构(厅堂式)。

2.3　传统木结构建筑分类

我国古代社会分为原始社会、奴隶社会和封建社会3个历史阶段,其中封建社会是我国传统建筑形成的主要时期。经历几千年的发展,我国传统建筑逐步形成一种成熟、独特的体系,发展出多种功能类型的建筑,包括宫殿建筑、居住建筑、陵墓建筑、园林建筑,其构架大多以木结构为主。本节重在列举我国各种传统木建筑的功能类型,对其发展史做出简要说明,重在强调木材在中华民族发展史中的重要作用。

2.3.1　宫殿建筑

宫殿建筑是我国传统建筑的精华,是每个朝代最为重要和核心的建筑,它集结了国家大量的人力、物力、财力,体现了其所处时期最高的建造技术,是我国传统建筑中成就最高、规模最大的建筑类型。

现代学界普遍将其发展过程分为4个阶段,分别为茅茨土阶、高台建筑、前殿与宫苑结合及纵向布置阶段。据相关考证,现存最早的宫殿建筑遗址是洛阳偃师二里头的商朝宫殿遗迹,这是茅茨土阶阶段的代表建筑,距今有三千多年的历史,是我国已知最大的木架夯土建筑实例。它已经呈现基本的合院格局,庭院由廊庑围合而成,为中轴对称式,有堂和室的布局,已经出现庑殿重檐的形式。整个建筑落在夯土地基上,出现前朝后寝的格局,这些都成为后代宫殿建造的依据。

春秋战国时期是高台宫殿盛行的时期,在这一阶段各诸侯国出于政治军事及娱乐的需求,建造了大量的高台宫室,即"高台榭,美宫室"。在秦汉时,宫与苑之间的布局关系比较自由,颇具园林气息。到后来唐、宋时期,宫室建筑进入纵向布置"三朝"的阶段。在这一时期,宫殿建筑的轴线布置加强,御花园的布置同样遵从轴线布置秩序,基本呈现左右对称的格局,缺乏自由的园林气息,在这一阶段建筑的秩序感得到加强,封建社会的礼制与等级制度得到了充分体现。

在几千年的发展史中,木材一直是宫殿建筑建造的主要材料,其对木材的选择有着严格的要求。以故宫建筑群(图 2.19)的建造为例,当时选定的木材为楠木、杉木及桧木,有专门的官员来督办木材。按照材料的长短及围长决定其等级,5 尺(1 尺 ≈ 33.33 cm)以上谓之神木,4 尺以上谓之头等,2 尺以上谓之五等,1 尺以上谓之六等。

图 2.19　北京故宫太和殿

2.3.2　居住建筑

我国居住建筑的两种原始形态为穴居和巢居。北方地区,尤其在黄土地带的穴居及其发展形态,是我国土木混合建筑的主要渊源。在南方水网沼泽及热温丘陵地带以木构架架空的巢居为主(图 2.20)。之后历经千年的发展,形成了多种民居类型。我国古代广大劳动人民没有足够的人力物力选取合适的材料建造房屋,他们建造居所的首要步骤是贮材,即先选好适合的树苗,然后慢慢等待它长大,这个过程是漫长的,需要几代人的耐心和等待。用来做椽子的树苗至少需要 5 年才能长成,普通梁柱一般需要 10 年,较理想的品种甚至需要二十几年。这对于我们现代人来说是非常漫长的,甚至会让人感到吃惊。但是在中国古代社会,这也是一种传承。父辈一代往往已预先替自己的儿孙种下树苗,连同多年积攒下的经验都传给了后代。农村的房屋建造规模一般不大,并且木材为轻质材料,易于加工,因此普通房屋一般为村民自家分期施工,或者邀请邻里来帮忙建设,这种建设活动在一定程度上成为村落中人与人之间的黏结剂,造就了我国淳朴的乡风。

图 2.20　湖南吊脚楼

2.3.3　陵墓建筑

中国古代历朝历代均重视丧葬,根据阶级的不同陵墓有着不同的规格。陵墓一般分为地上和地下两部分。在砖石还不发达的时代,陵墓的地下建筑是用木材建造的。其中最具代表性的是"黄肠题凑"。据考证,"题凑"是一种葬式,始于上古时期,多见于周代和汉代,黄肠题凑是指椁室是四周用方形木垒成的框形结构。由于该结构对木材、人力、财力的消耗极大,在汉代以后就很少使用。但是将木制棺材作为逝者最后的"居所",这一思想在千百年来得到了继承。这与中国人传统的思想观念有关,中国人民普遍对自然有着向往之情,认为死后回归自然，木材生于自然、最后归于自然的特性与之相契合。

2.3.4　园林建筑

中国传统园林（图2.21、图2.22）追求天人合一，讲求"师法自然，融入自然，顺应自然"，以山水为主，力求将人工美与自然美融为一体，重在"造景"和"营境"。木作为一种景观植物及建造材料，在其中承担着重要的角色。它展示着四季的变化，支撑起房屋空间，记录着历史沧桑。其中有些树木被赋予了美好的寓意，比如，海棠树象征着富贵和吉祥美满，在古代皇家园林中，常常把它与玉兰、牡丹、桂花搭配种植，寓意"玉棠富贵"。又比如网师园（图2.23）在前庭和后院各种植2棵白玉兰和金桂，寓意"金玉满堂"。

园林建筑的形式较为灵活多变，常见的有亭、榭、廊、阁、轩、楼、台、舫、厅堂等。这些建筑不仅具有空间属性，也具有观赏属性，用木材建造的建筑具有自然亲和性，更容易与园林的自然山水相融合。比如，留园中的小蓬莱，它是一组木制凉亭，通过曲桥相连，紫藤沿着棚架生长，与木架融为一体，随着季节变化呈现出不同的画面，重新赋予了木材生命。

图 2.21　苏州狮子林

图 2.22　留园廊道

图 2.23　苏州网师园

2.4　中华人民共和国成立后传统木构造建筑的发展

2.4.1　20 世纪 40 ～ 60 年代 —— 集中期

中华人民共和国成立初期,水泥产量有限,但急需大量的基础工程建设。因此,这一时期大多数民用和公用建筑都采用砖木混合结构,该结构体系以砖墙为承重结构,以木桁架作为屋盖结构。在前两个"五年计划"期间,由于建设速度较快,木结构能就地取材又易于加工,砖木混合结构占相当大的比重,根据1958 年的统计数据,该结构体系房屋占总建筑数量的 46%。与混凝土结构、钢结构和砌体结构并称为中华人民共和国成立初期的四大结构。当时,各大院校及科研机构有大量教师和研究人员从事木结构相关的教学与研究工作。

2.4.2　20世纪70年代到20世纪末 —— 滞缓期

到20世纪70年代,我国的结构用材紧张,当时国家又无足够的外汇储备从国际市场购进木材,政府开始禁止使用木材,一度倡导"以钢代木,以塑代木"。随后各大院校也纷纷停开木结构课程,并停止培养相关专业的研究生,许多相关的教学和科研人员不得不转向其他研究领域。此时对木结构的研究和使用进入滞缓期。

2.4.3　20世纪末到现在 —— 发展期

我国从20世纪90年代起,开始采取一系列政策和措施鼓励木材进口,并着手修改和制定相关规范及标准。进入21世纪,随着经济水平的提高,我国更加注重节能环保,提倡使用低碳材料。同时在国外也出现了新型的工程木材,木材的结构强度和防火防潮性能得到了大幅提升,可以适应多种建筑类型及气候环境。至此,木结构建筑开始重新回归大众视野,我国木结构产业进入新的发展期。

在这一时期,我国开始建设示范工程项目,具有代表性的有2008年汶川地震后,加拿大卑诗省的援建项目,包括2008年建设的都江堰向峨小学,2009年建设的绵阳特殊教育学校,2010年建设的北川擂鼓镇中心敬老院。此外,我国也与加拿大木业协会合作建设了许多示范工程,如木结构公寓楼天津泰达悦海酒店式公寓,2012年在青岛采用木结构建造的万科小镇游客中心,涵盖多种建筑类型。在这一时期,我国一些本土建筑师也对木结构建筑做出了一定尝试。比如,王澍设计的水岸山居,以我国山水画为意向,屋顶设计方面,以我国传统斗拱为基础进行现代化的创新,采用木条相互交错的造型设计,重新演绎了现代木结构建筑。再如华黎设计的"林建筑"及高黎贡手工造纸博物馆,分别对工程木(胶合木)及原始实木进行了实践。在设计与建造"林建筑"时,探索了装配式的设计与施工方法。此外,就市场经济规模来看,2014~2018年,我国木结构建筑行业市场规模由127.1亿元增长到174.4亿元,年增长率达到8.2%,并且还在持续增长中,具有非常大的市场潜力。

2.5　现代建筑材料与木材的对比

现代建筑是构建在西方石质建筑基础上,用钢筋混凝土堆砌而成的。这种建造过程一般是不可逆的,是工业机械化生产的结果,在建筑废弃之后会产生大量不可降解的建筑垃圾,是一个单向消费的过程。而木材具有可再生的特性,并且也是为数不多的可以降解的生态化建材。与其他建筑材料相比,木材具有如下优点。

(1) 密度低但是承载力高。

(2) 便于工业化加工和运输。

(3) 蓄热能力高于普通的建筑材料,适合应用于严寒地区。

(4) 可塑性高,可以适应各种造型。

(5) 经济成本低,富于变化,可以再生,便于降解。

(6) 材皆可用,小径材可连接成大材。

(7) 用防火剂浸泡处理,可以具有一定的耐火性。

(8) 木构造建筑适合加建或改造,易于拆解,拆卸的木材易于在其他地方重新应用。

(9) 属环境友好型材料,当树木被采伐并用于制造木制品时,这些产品会在其整个生命周期中继续储存碳。

(10) 可以兼具装饰性材料。木材具有细腻的纹理、温润的质感,利用裸露的木材能营造出舒适、健康的室内环境。

2.5.1　现代木结构体系

现代木结构体系主要有方木原木结构、轻型木结构、胶合木结构及木混合结构。 由于木材具有易于加工、便于运输的特性,非常适合工业化预制生产与建造,因此现今大多数木结构体系都采用装配的建造方式。

方木原木结构是指建筑主要承重构件为方木和原木的单层或多层建筑结构体系。其结构形式包括井干式、木框架剪力墙结构和传统梁柱结构等。

轻型木结构是指主要由木构架墙体、木楼盖和木屋盖系统构成,适用于单层与多层的建筑结构体系。

胶合木结构可分为层板胶合木(GLT)和正交胶合木(CLT)。层板胶合木是由 20～50 mm 厚的木板经干燥、表面处理、拼接和顺纹胶合等工艺制作而成,可应用于单层、多高层及大跨度的空间木结构建筑。正交胶合木一般是由厚度为 15～45 mm 的木质层板相互叠层正交胶合而成的木产品,具有优越的力学性能,适合工业化生产,主要应用于多高层木结构建筑。

木混合结构是指由木结构构件与钢结构构件、混凝土结构构件等其他材料构件组合而成的混合承重结构形式,主要包括上下混合木结构、混凝土核心筒木结构等。

2.5.2 现代木结构与传统木结构的区别

现代木结构是在吸收国外先进技术的基础上,融合我国传统木结构的优势发展而来的,与传统木结构相比两者有很大的区别,主要体现在以下几方面。

1.木材材料发生改变

现代建造用木材不再依靠大直径的原木,而是通过胶合木加工技术,将原始木材经过工业手段和先进技术加工而成。在受力性能、防火性能及承载性能等方面与传统木材有着本质区别。比如,新型的木建筑材料正交胶合木(CLT)、层板胶合木(GLT)及结构用定向刨花板(OSB)等。

2.生产和建造方式发生了变化

我国传统木结构建筑的建造方式为手工业制作;随着工业及信息化技术的发展,现代木结构建筑偏向于工业化生产、装配式建造及信息化管理。

3.木结构的连接方式发生了变化

传统木结构建筑以榫卯连接方式为主,现代木结构的连接节点增加了金属节点、胶合节点等,使得建筑拥有多种结构形式,能够实现更大的跨度及高度,满足多种建筑形式要求。

4.现代木结构各部分可以多次拆解重新利用

现代木结构建筑材料具有良好的耐久性与受力性。其连接节点多采用钉和螺栓,拆卸方便,木材的力学性能不容易被破坏,便于回收和重新使用。据相关数据统计,在一些木结构技术发达的国家,木材回收次数可以达到6～7次。

俄国诗人果戈里曾说:"建筑是世界的年鉴,当歌曲和传说都缄默的时候,它还在说话。"建筑是文化的一种实体表现形式,因此建筑史所反映的就是人类的文化史,具有深远的文化价值。现代木结构已不是传统手工业化的木结构,而是一个新的产业概念,在"碳中和"和"碳达峰"等政策背景下,很有可能成为一次新的建筑文化革命。

2.6　现代木构造建筑技术更新

2.6.1　建筑结构更新

1.整体结构创新

木材与钢材的力学特性相似,在现代木构造大跨度结构形态发展的过程中很多设计和建造灵感来自于钢结构。另外,木结构在使用木材时可以与钢材、混凝土等其他材料结合设计,既增加了结构稳定性,又突出了木结构的轻盈感,形成力学与美学统一的创新结构形态。

日本堀之内城镇体育馆利用木材与钢索杆进行了结构创新。该建筑采用复合式张弦梁,跨度达 38 m,上部梁采用弯曲的胶合木,下部采用钢索杆抵抗水平侧推力,中间用撑杆支撑,增加整体结构稳定性与承载力;纤细的钢索杆更加凸显结构轻盈感及内部空间的广阔感;多榀张弦结构也形成韵律变化,形成独特的结构美(图 2.24)。

在日本静冈县草薙综合运动场体育馆中,设计师结合木材、钢材、钢筋混凝土(reinforced concrete,RC)3 种材料形成独特的木结构大跨度空间(图2.25)。该体育馆平面呈椭圆形,长 105 m,宽 75 m,共有 2 700 个座位,可容纳 4 个篮球场。整体建筑主要采用静冈县生产的天竜杉木集成材,木构件长14.5 m,断面尺寸为 360 mm × 600 mm。在整体结构中,屋顶最上部采用钢桁架结构,下屋顶采用木结构与钢构斜撑,屋顶的荷载由下部的宽 9 m、厚 50 mm 的椭圆形 RC 环承担(图 2.26)。3 种不同材料的结构使得该体育馆成为史无前例的混合木构造大跨度建筑。2.7 节将对该体育馆展开详细分析。

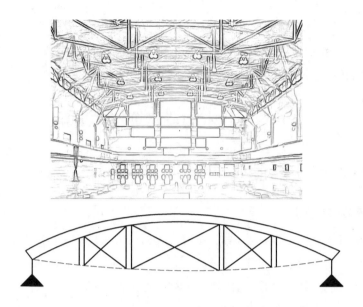

图 2.24　日本堀之内城镇体育馆复合式张弦梁室内及其结构示意图

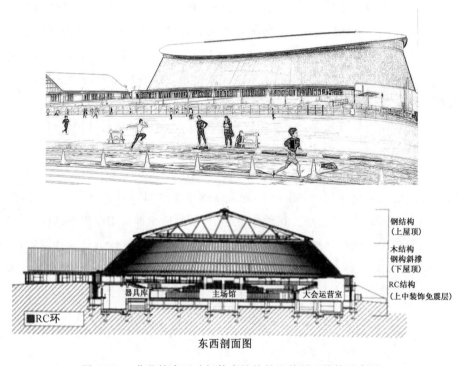

东西剖面图

图 2.25　草薙综合运动场体育馆外景及其剖面结构示意图

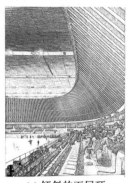

| (a) 倾斜的下屋顶 | (b) 上屋顶与下屋顶交界处 | (c) 木结构与钢构斜撑 |

图 2.26　草薙综合运动场体育馆屋顶结构细部

2.局部结构构件创新

为了使木构造大跨度结构受力更加合理,建筑师与结构工程师们通过增加受力构件、设计相应节点等手法来增强结构的稳定性。如隈研吾为某大学设计的木构造体育馆,其体育馆主体部分采用了木拱架结构,并在拱架与竖向受力体系之间加设了"方杖"支撑,游泳馆则在拱形结构的基础上增加"斜撑"变成"树枝状结构"(图 2.27)。这些富有韵律的结构构件在光影的变化下不断呈现出不同的视觉效果,兼顾了力学与美观性,创造了独一无二的室内空间。

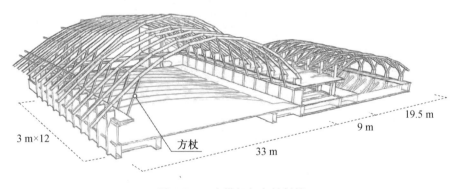

图 2.27　木拱架与方杖斜撑

2.6.2　建筑形态更新

建筑外部形态与其结构息息相关。现代工程木质量轻、力学性能好,相比于厚重的混凝土材料,木构件尺度小,应用于体育馆等大跨度建筑时增加了结构轻盈感,有利于营造出新的建筑形态。同时木构件既是结构受力构件,也是建筑纹理的直接表达者,可形成独特的形态美。例如,BIG 建筑事务所为 Gammel Hellerup 高中设计的体育馆,整体做下沉处理,拱形的胶合木构屋顶在室外像山丘一样微微隆起,为学生提供了非常具有活力的公共空间(图 2.28);在室内,裸露的曲线状屋顶结构,创造了轻盈又动态的体育馆建筑形态(图2.29)。某大学的体育馆,利用木结构的轻盈感,将入口大楼一侧挑出 12 m,既成为遮风避雨的半室外空间,又在建筑形象上强调入口位置(图2.30)。整个木屋顶非常纤薄,仿佛漂浮在建筑主体之上,结合简洁的立柱与透明玻璃,营造了轻盈的建筑形态(图 2.31)。

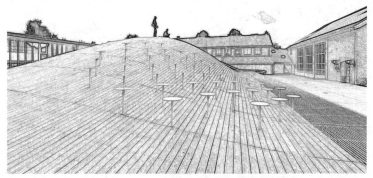

图 2.28　Gammel Hellerup 高中体育馆(室外)

图 2.29　Gammel Hellerup 高中体育馆(室内)

图 2.30　入口大悬挑

图 2.31　纤薄轻盈的屋顶形态

2.6.3　建筑节点更新

　　节点体现建造逻辑,表达材料自身真实性,也是大跨度结构稳定性的关键。在住宅与办公建筑中,由于建筑较为规则,同类的模块与构件连接方式大同小异,因此依靠批量化生产即可满足设计需要。体育馆中的大跨度结构使其节点存在一定的特殊性。RC 体育馆一般采用现浇节点,而木构造体育馆可依据结构受力合理性、形态、美观性等基本原则,以及可定制化木节点,创造出独一无二的节点形式。例如出云穹顶利用木质拱壳结构与钢索结合形成雨伞一样轻盈的结构形态,钢索借助木骨架将白色覆膜向下拉形成 V 字形(图 2.32)。

钢索与木骨架之间通过钢圆环等进行连接(图 2.33);出云穹顶的木骨架在穹顶顶部汇聚,并通过钢圆环箍住,其节点如图 2.34 所示,每个骨架的上弦由两根 273 mm×914 mm 木材拼成,通过销铰与 H 形截面的钢圆环连接。这些木节点经过特殊设计与结构完全匹配,清晰地显示了传力途径,具有受力合理与美学的双重特征,实现了木节点上的创新。

图 2.32   出云穹顶木骨架与白色覆膜

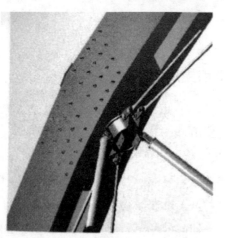

图 2.33   出云穹顶木骨架与拉索节点图

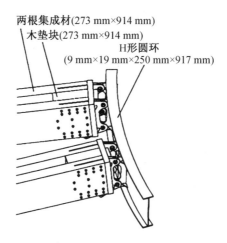

图 2.34　木骨架与钢圆环连接构造细部

2.6.4　建筑工业化

近年来,我国大力发展装配式建筑,木建筑可预制化,使得许多建筑利用装配式实现模块工业化生产。从广义上来讲,一维模块建筑主要指在工厂预加工好的标准木构件,运输到现场后通过节点等连接成一个完整的建筑体系;二维模块建筑主要指墙体、楼板等直接在工厂完成然后现场组装;三维模块建筑则指常见的空间整体加工生产。在前两种方式中,若想回收利用建筑材料,其建筑在拆除时需要对节点一一拆卸,时间成本与经济成本非常高。而空间整体化设计(三维模块建筑)则可以在回收时整体或半整体回收,大大节省人力与时间资源。

1.构件预制化

构件预制化主要对应上述一维模块建筑。传统的 RC 建筑尽管存在一定的预制化板块,但是一些连接节点等部位依旧需要现场浇筑,现场湿作业依旧无法避免。随着木构件标准化设计及各类节点的发展,现代木构造建筑开始逐渐形成模数化、预制化特点,施工现场无须湿作业,大大提高了木构造建筑的施工速度与便利性。

另外,高度发达的交通运输及木构件密度低、质量轻,为木构造建筑预制化提供了基础。原本不宜运输的大型构件与面板,在各构件受力合理的前提下,可以拆解成若干个小构件,中间通过结构节点连接,运输至建造现场后再进行组装,极大地提高了工厂生产与建造效率。

2.局部模块化

木构墙体、楼板的局部模块化即对应上述二维模块建筑。RC 建筑在整体结构建造完成后,其外立面形态与内部装修需要另外再耗费大量时间完成,水暖电等也需要后期水暖电专业人员进行现场配合。而在木构造建筑中,结构体系、墙体、楼板等通过 BIM 等整体预制化设计与内外装饰层、水暖电体系等直接结合设计生产,前期预先模拟各建筑模块之间的合理性及安全性,减少后期各专业的配合,增加实际建造的准确性。

3.整体空间模块化

目前,在一些轻型木结构建筑如住宅中,已经开始逐渐将一些功能固定的建筑功能空间(如卫生间、厨房)分离出来,直接在工厂进行生产,运输至建筑现场后可直接投入使用。在大空间建筑方面,目前已有关于全民健身空间的模块化设计研究成果。根据建筑的不同功能及特点,分成基本、附属和辅助模块,其中附属模块中的卫生间等空间模块如图 2.35 所示。

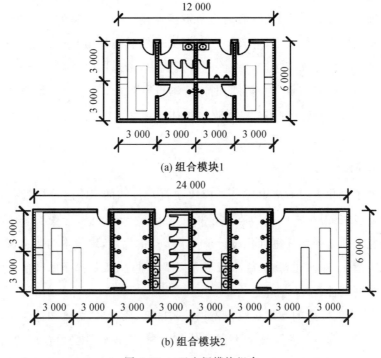

(a) 组合模块1

(b) 组合模块2

图 2.35　卫生间模块组合

2.6.5　建筑材料更新 ——CLT

1.正交胶合木(CLT) 概述

《木结构设计标准》(GB 50005—2017) 对正交胶合木(cross laminated timber,CLT) 的定义为"以厚度为 15 ~ 45 mm 的层板相互叠层正交组坯后胶合而成的木制品",适用于楼盖或屋盖结构或由正交胶合木组成的单层或多层箱型板式木结构建筑。其层板组合截面示意图如图 2.36 所示,层板配置截面示意图如图 2.37 所示,表 2.1 为其基本规定及设计原则,表 2.2 为正交胶合木的树种分级表。

图 2.36　正交胶合木层板组合截面示意图

1— 层板长度方向与构件长度方向相同的顺向层板；

2— 层板长度方向与构件宽度方向相同的横向层板

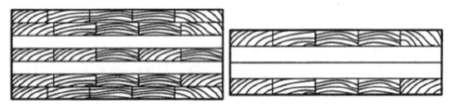

(a) 外侧顺纹两层层板　　　　　　　(b) 内部横纹两层层板

图 2.37　正交胶合木层板配置截面示意图

表 2.1　正交胶合木的基本规定及设计原则

含水率	设计使用年限 / 年	安全等级	层数限值 N	尺寸限值 /mm			拼缝宽度 /mm
				总厚度 T	一层板厚度 t	二层板宽度 b	
8% ~ 15%	5、25、50、100	一级、二级、三级	3 ≤ N ≤ 9	T ≤ 500	15 ≤ t ≤ 45	80 ≤ b ≤ 250	≤ 6

数据来源:《木结构设计标准》(GB 50005—2017),《胶合木结构技术规范》(GB/T 50708—2012)。

表 2.2   正交胶合木的树种分级表

树种级别	适用树种及树种组合名称
SZ1	南方松、花旗松－落叶松、欧洲落叶松及其他符合本强度等级的树种
SZ2	欧洲云杉、东北落叶松及其他符合本强度等级的树种
SZ3	阿拉斯加黄扁柏、铁－冷杉、西部铁杉、欧洲赤松、樟子松及其他符合本强度等级的树种
SZ4	鱼鳞云杉、云杉－松－冷杉及其他符合本强度等级的树种

资料来源:《木结构设计标准》(GB 50005—2017)。

2.国外 CLT 材料应用实践研究

2009 年,Andrea Frangi 等人通过耐火实验对正交胶合木与均匀木板的防火性能进行比较研究,结果表明 CLT 防火性能与黏合剂的防火性能关联密切。

2017 年,Michael H. Ramage 等人提出木材在强度、刚度及质量比方面具有优越性,通过具体的工程实践可以最大化利用这种优势,但是木结构建筑在结构及空间布局上与钢结构或混凝土结构建筑有所区别。

2018 年,Gerhard Fink 等人通过大量的样本测试,讨论并总结了欧洲设计标准 Eurocode 5 中 CLT 建筑的结构设计原则与实际建造施工间的差异性。

2018 年,D.Vassallo 等人记录了意大利佛罗伦萨一栋 6 层的 CLT 建筑从生产、运输至现场施工阶段的各项设计及施工细节,并针对锚固件及混凝土基础连接处的抗震性能进行具体施工方案设计。

表 2.3 为作者总结的近几年的 CLT 建筑项目实践,涵盖居住和公共建筑。如前文所述,居住建筑的 CLT 材料应用率高于公共建筑,随着设计水平及建造技术的进步,现阶段全球住宅及办公建筑建成高度已经可达 45 m,未来有望突破 100 m 甚至更高,其在未来高层建筑中具有广阔的发展前景。

表 2.3　CLT 建筑项目实践

时间	2016年	2017年	2015年	2019年	2015年	2018年
地点	比利时	法国	巴西	瑞典	美国	美国
住宅建筑						
时间	2017年	2019年	2019年	2018年	2016年	2019年
地点	日本	加拿大	美国	澳大利亚	英国	美国
公共建筑						

资料来源:https://www.archdaily.com 及 https://www.dezeen.com。

3.国内 CLT 材料应用实践研究

2014 年,王志强等人对不同类型 CLT 进行性能测试,对材料的顺纹抗弯、顺纹抗剪和横纹抗剪的性能进行对比总结。

2016 年,龚迎春等人针对正交胶合木的加工工艺、特性、应用及在我国的发展方向展开了论述及总结,提出 CLT 材料运用于中高层木建筑的潜力趋势。何敏娟等人梳理了近年来多高层木结构建筑的发展概况,介绍了常用的结构体系类别及存在的相关问题,概括了适用于多高层木结构建筑的抗震设计方法。

2017 年,王韵璐等人在总结国外 CLT 建筑最新研究进展及其成果的基础之上,提出了 8 条符合我国国情的 CLT 装配式结构建筑的主要建议及措施。

2018 年,胡传双等人通过剪切实验和循环分层实验评估发现,当使用小直径桉木制造 3 层正交胶合木时,其具有良好的结构性能。

2019 年,熊海贝等人基于国内外高层木结构及木－混凝土混合结构的研究,结合正交胶合木(CLT)的材料性能优势,设计了一种高层正交胶合木－混凝土核心筒混合结构体系。

位于宁波中加低碳园区内的 OTTO Café(永续咖啡馆)是我国首座建成的 CLT 公共建筑。该建筑为我国 CLT 建筑的发展奠定了实践基础,希望我国 CLT 建筑设计水平及建造技术能有更快、更好的发展。

2.7 国外木构造公共建筑发展概况与案例

2.7.1 日本

1.发展概况

(1)日本林业资源。

日本森林面积占其国土面积的 2/3,为 2 500 万 hm²,其中人工林面积约为 1 000 万 hm²,国有林地面积占森林面积的 31%,国有林地森林蓄积量11.66 亿 m²,占总蓄积量的 23.3%,森林资源以人工林为主,每年以 7 000 万 m³ 蓄积。

(2)木结构主要形式。

日本的木结构在过去几十年一直以传统梁柱式为主,1985 年前后为增加木材进口,大力发展大跨木结构,迎来了"第一次大型木结构"时代。2010 年前后为日本"第二次大型木结构"时代,主要是为了消化使用其国产木材,开始发展多高层木结构。

(3)日本公共建筑木结构率。

日本农林水产省自 2010 年实施《公共建筑等木材利用促进法》以来,每年都会对公共建筑木结构率做出推算,以掌握其法案执行进展情况。推算结果表明,日本公共建筑木结构率基本呈逐年上升趋势,从 2010 年的 8.3% 到 2018 年的 13.1%(2017 年为 13.4%)。

(4)木结构技术。

日本很早便提出对木结构建筑的构件进行工厂预制化加工。在日本,装配式建筑相当普遍,现代木结构建筑完美地传承了古代木建筑的特点,不仅在结构上有不小的改进,在预制化生产方面更是日趋完善。日本木结构体系的选择更偏向于轻型小框架木结构及框架式木结构。

2.案例

(1) 静冈县草薙综合运动场体育馆。

日本静冈县草薙综合运动场体育馆(以下简称静冈体育馆)由日本建筑师内藤宏志(Hiroshi Naito)设计,于 2015 年完工。静冈体育馆为 4 层结构,由层压木桁架构成。在这个项目中,建筑师创造了一个简单、高度耐用的木结构。

静冈体育馆以椭圆形环绕的 256 根集成材为架构,可容纳 4 座篮球场,总共有 2 700 个座位。场馆的大小以椭圆形的平面投影为例,长向为 105 m,短向为 75 m。主要材料为静冈县产的天竜杉木集成材,一根长为 14.5 m,断面尺寸为 360 mm × 600 mm,质量接近 1 000 kg。

观众席的四周有一圈宽 9 m、厚 50 cm 的椭圆形 RC 环,在此环上承载着木构造的下屋顶。集成材以 40° ~ 70° 往内侧倾斜形成柱列,接着再承载上部重达 2 350 t 的钢构桁架。

木构造的外侧以钢构斜撑连接,提高了其刚性。集成材仅承受上屋顶的钢构桁架的载重,水平力则由钢构斜撑负担。静冈体育馆结构及全景图如图 2.38 所示。

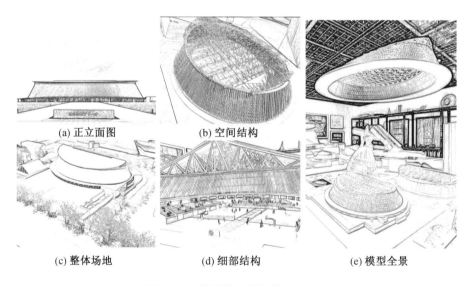

(a) 正立面图　　(b) 空间结构

(c) 整体场地　　(d) 细部结构　　(e) 模型全景

图 2.38　静冈体育馆结构及全景图

（2）住田町役场。

2014 年，崭新的木造厅舍 —— 住田町役场（以下简称厅舍）在位于岩手县内陆的住田町完工（图 2.39）。厅舍使用长度及断面受限的构材，以凸面镜般的桁架及斜向格子交织成的网格壁组构而成。该结构可根据空间需求轻易实现大跨距木构架系统。

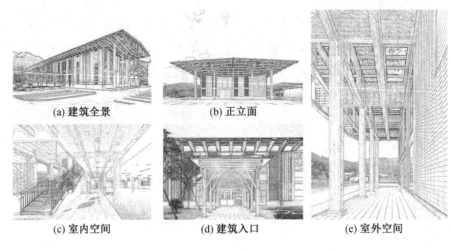

(a) 建筑全景　　　(b) 正立面

(c) 室内空间　　　(d) 建筑入口　　　(e) 室外空间

图 2.39　住田町役场

厅舍为地上 2 层楼、楼板面积约为 2 900 m² 的木构造建筑。长约 76 m、宽约 22 m 的长方形建筑中，承载着一个伸出檐、凸面镜状的桁架构造。

包含此构架在内的主要结构部位都使用集成材。在总量 711 m³ 的结构用集成材中，约有 70% 为住田町的杉木或桧木。由于厅舍是采用碳化层（表面就算受到火害，结构强度的断面也不会受到影响的设计手法）设计的准耐火建筑物，因此结构材无须利用披覆防火，室内外皆可以外露呈现。

1957 年的旧厅舍，为一座钢筋混凝土建筑物，在地震中受损严重，当地政府急于重建新的厅舍，希望可以利用旧厅舍邻近地块尽可能快速重建。为满足未来几十年内的使用需求，厅舍需要一个不论空间功能如何变更都可灵活应对的大空间。根据此设计方案，厅舍以 4 个大空间构成一个简单的形式。厅舍的南边为由具有 2 层楼高挑空的交流广场及町民中心组成的大空间。1、2 层都是具有 700 m² 以上的大空间，此类空间亦可利用隔断墙进行空间分割。

结构设计上，覆盖厅舍的桁架梁构架于外壁以设置耐力壁。桁架梁本身由长约 5 m 的中断构材组合而成，横跨建筑物宽幅 21.8 m 的跨距。外壁的部分随机配置了两种不同的耐力壁,即结构用合板固定的耐力壁和可通风及采光的网格型耐力壁。

（3）东京新国立竞技场。

东京新国立竞技场为 2020 年东京奥运会的主场馆。屋顶为覆盖观众席的巨大出挑结构,出挑长达 62 m。悬臂形式的屋顶架构,以 2 根上弦杆及 1 根下弦杆组成桁架结构系统,以钢材组构成立骨构架。将 3 层看台完全覆盖的大屋顶,自重由场馆外围的两列柱支撑。

东京新国立竞技场利用棚架体量及屋顶的斜率控制,将总高控制在 49.2 m。以三角形断面的屋顶桁架在椭圆方向连续展开成单纯的形状,表达构件重复的美感,以及追求施工合理性的结果。

虽然木材为屋顶构架的主角,但事实上东京新国立竞技场并非"纯木造"。屋顶桁架的结构严格意义上属于钢构造。为了表达日本的民族风格,该建筑以活用木材为前提进行设计。然而,因为防火等的限制,设计师隈研吾提到"不可能完全以木结构进行设计"。经过对各种不同造型的屋顶提案讨论,终于使得以集成材夹住钢构造的"木与钢的混合构造"屋顶桁架成形。

在东京新国立竞技场（图 2.40）的建设中,主要使用的是一般的中断面集成材（断面短边 7.5 cm 以上,长边 15 cm 以上）。

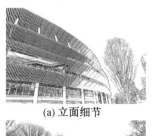
(a) 立面细节

(b) 室内空间

(c) 建筑屋顶

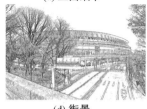
(d) 街景

(e) 建筑入口

(f) 夜景图

图 2.40　东京新国立竞技场

2.7.2 欧美

1.北欧地区发展概况 —— 以瑞典为例

（1）发展趋势。

自 1994 年修改建筑法规以来，瑞典再次允许构建 2 层以上的木构造建筑物，因此其建筑物中使用木材比例稳步上升。木材建筑市场份额从 2001 年开始显著增加。2001 年，瑞典多层木建筑的市场份额仅为 2%，而 2010 年后瑞典的新建筑中，15% 的多层建筑均使用木材建造；体育馆大厅和其他类型大厅建筑中使用的木材提高至 35% ～ 40%。

（2）多高层木结构建筑体系。

瑞典木结构建筑办公室正在大力推进木材在建筑中的使用，主要是高层建筑、公共建筑和大型路桥。瑞典的多高层木结构建筑体系主要有以下 3 种。

① 单元模块体系。能建造 6 ～ 7 层的木结构建筑，此类体系可使每层的平面布置灵活多变。工厂预制木结构框架单元，再运到施工现场迅速组装。这些结构单元包括木结构部分、保温层和饰面层。建筑立面可根据地域特征调整。

② 正交胶合木（CLT）体系。此类体系中外墙采用 CLT，其也是保温层和饰面层的基础。地板结构包括 CLT 板架和保温层，其中 CLT 板架在胶合木倒置 T 型梁上。

③ 梁柱体系。这种体系包括胶合木梁柱、胶合木和单板层积材（LVL）稳定系统、LVL 楼板和天花板。这种体系可使窗户的设计布置有很大灵活性。

2.北美地区发展概况 —— 以美国和加拿大为例

北美木结构使用广泛。经过数百年的发展，从原木、锯材结构到胶合木结构再到混合木结构，形成了一套完整的建造体系，木结构建筑的工业化、标准化和安装工艺都已成熟。在美国，包括住宅小区、商业建筑、公共建筑在内的 95% 以上的低层民用建筑和 50% 以上的商业建筑都采用木结构。美国每年新建的 150 万栋住宅中，有 90% 采用木结构。

在美国非常流行的轻型木结构独立住宅，主要利用北美云杉、花旗松、冷杉木等搭建出承重墙框架；利用单板层积材（LVL）或胶合木作为房屋的梁和柱，同木质工字梁组合搭建承重楼板。

加拿大非常重视顺应木结构建筑技术的发展，不列颠哥伦比亚省政府率先于 2009 年修订了省建筑规范,将轻型木结构建筑的层高限制由原先的 4 层放宽到 6 层,这一举措大大拓展了轻型木结构的应用范围,该省随之出现了大量 6 层木结构公寓项目。

总体来说,目前北美木结构建筑正向工业化、大型化、标准化的方向发展。

3.案例 —— **温哥华不列颠哥伦比亚大学学生宿舍楼**(Brock Commons,**图 2.41**)

该建筑高达 53 m,可容纳 404 名学生。设计和施工团队从一开始就协同工作,他们在现场施工之前在两层楼高的模型上对木材与木材之间的连接进行彻底的测试,大大提高了设计与施工效率。

与预制过程更为相关的是详细的 3－D 模型,该模型可帮助各个部门在最终确定想法以进行实际制造或施工之前进行协作讨论和测试。由于精心的规划,以及建筑和设计过程的有效整合,该建筑在预制组件准备好组装后仅 70 d 就完成了,这比完成同等规模混凝土建筑所需的时间短得多。

尽管木材是整个结构中使用的主要材料,但从内部却很少能看到它。木结构隐藏在干墙和混凝土顶盖的后面,这主要是为了遵守加拿大的消防安全法规。Brock Commons 所使用的木结构不仅在经济上可行,而且与可持续森林管理相结合,代表了一种完全环保的建筑方法。而且由于涉及预制构件,因此其施工过程快速、轻松,几乎不影响现场交通环境。

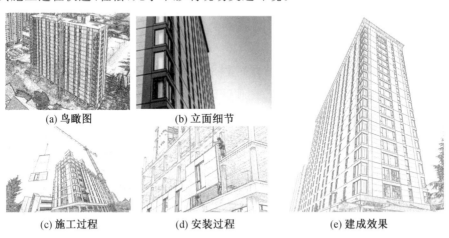

(a) 鸟瞰图　　　　　(b) 立面细节

(c) 施工过程　　　　(d) 安装过程　　　　(e) 建成效果

图 2.41　　温哥华不列颠哥伦比亚大学学生宿舍楼

2.7.3　大洋洲 —— 以澳大利亚和新西兰为例

1.发展概况

由于 CLT 具有环保性能,澳大利亚和新西兰的中央和州政府都在推广使用该建筑材料。例如,塔斯马尼亚(澳大利亚)采用了全州范围的木材鼓励政策(WEP),罗托鲁瓦湖委员会(新西兰)鼓励在高层建筑建造中使用天然木材产品。除此之外,澳大利亚和新西兰的建筑商目前正在致力于建筑实践,利用创新的建筑材料和技术以优化该材料在建筑中的应用,这反过来又促进了市场增长。与传统建筑材料相比,CLT 价格实惠、质量轻,可以最大限度地减少淡水消耗,提高室内环境质量。并且该结构体系方便预制,可以减少建设时间,也具有强大的抗震性能。因为该材料具有多重优势,因此它在该地区的需求正在加速增长。据有关数据统计,澳大利亚和新西兰的 CLT 市场预计到 2026 年将达到814 537 m³。

2.案例

(1) 悉尼国际中心(图 2.42)。

悉尼国际中心由建筑师 Tzannes 为联盛集团(Lend Lease Group)设计,是这座城市中与众不同的新元素。

悉尼国际中心位于希克森路(Hickson Road)的巴兰加鲁南部区的边界上,两侧与人行天桥相连。

悉尼国际中心最引人注目的方面是,地上 6 层完全由工程木材或交叉层压木材制成,包括地板、柱子、墙壁、屋顶、升降机井、出口楼梯和支撑托架。该建筑探索了一种新的美学形式,具有独特和不可或缺的特征,并具有出色的"绿色"背景。它以美学效能表现出完全暴露的木材结构,去除了额外的饰面材料层。该建筑中使用了约 3 500 m³ 的可持续生长和回收木材。因为不使用混凝土,减少了大量的温室气体排放。重要的是,悉尼国际中心表明,商业房地产市场将接受大规模木材建筑,这是常规混凝土建筑的可行和令人振奋的替代方案,为建筑业提供了更多机会,为更有效地降低碳排放量、为世界范围内的城市发展提供更加可持续的未来提供了有益参考。

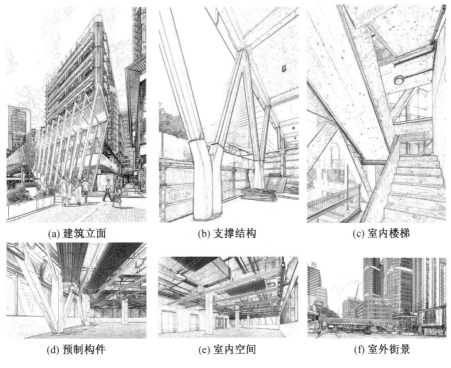

(a) 建筑立面　　　　　(b) 支撑结构　　　　　(c) 室内楼梯

(d) 预制构件　　　　　(e) 室内空间　　　　　(f) 室外街景

图 2.42　悉尼国际中心

（2）尼尔森（Nelson）机场航站楼，返璞归真木结构（图 2.43）。

新西兰 Nelson 机场航站楼是一个新的大跨度木结构建筑，可以俯瞰飞机跑道，享有塔斯曼湾（Tasman Bay）和新西兰 Nelson 西部山脉令人惊叹的美景。由于现有的始建于 1975 年的建筑已经不能满足建筑规范的要求，也难以有效地运作，因此需要一个新的航站楼。设计的需求是让机场高效地运作，使其既作为一个交通枢纽，又作为一个安全可行的企业；要体现 Nelson 地区的独特性，使建筑与景观相连，还要体现对当地材料的广泛使用。设计团队选择了两种主要策略来实现环境可持续的期望：自然通风和大量木结构的使用，加上弹性抗震结构解决方案。

这些举措使 Nelson 机场脱颖而出，并为机场候机楼的可持续运营开创了新的可能性。建筑采用简单而精细的方法来实现航站楼主要空间的自然通风。建筑的平面、高度和屋顶形式的设计是为了最大限度地增加空气流动，并利用加热时空气的浮力上升到较高的开口。低处的窗户将空气引入建筑，精心

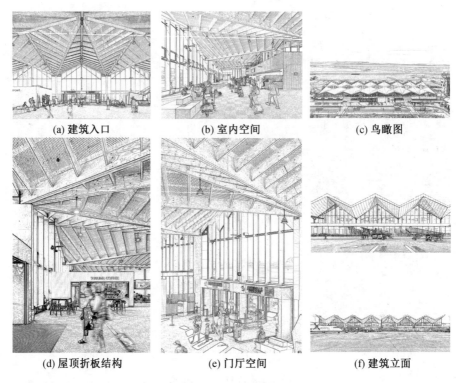

| (a) 建筑入口 | (b) 室内空间 | (c) 鸟瞰图 |
| (d) 屋顶折板结构 | (e) 门厅空间 | (f) 建筑立面 |

图 2.43　Nelson 机场航站楼

铰接的屋顶将建筑中心分切开来,创造了天窗空间,最大化日照光,并允许热空气通过玻璃百叶窗释放。

　　沿着北立面,V 形的外部遮蔽具有多重好处:它们作为开阔的内庭,排出从下方太阳能烟囱吸入的暖空气,同时也为室内提供遮阳,并减少北立面的玻璃面积。与简单的平面和立面相比,屋顶相对复杂,在视觉上引人注目,参考周围的山脉,以一种恒定的、有韵律的模式横跨建筑的长度。 在内部,形成屋顶的木材结构自然温暖,纹理和尺度尤为迷人,令人流连。

　　木材的设计和使用是该建筑主要的设计目标。材料的色板很简单,但结合对木结构的巧妙设计和木材的合理利用,达到了返璞归真的效果。

2.8　国内木构造公共建筑案例

2.8.1　发展概况

我国木构造建筑的发展源远流长,自古代以来就广泛应用于宫殿、民居等多种建筑类型。然而,随着时代的变迁和社会的进步,木构造建筑的发展也经历了起伏和变革。

在古代,由于木材资源丰富和技术水平的限制,木构造建筑多采用传统榫卯结构,这种结构形式注重建筑的整体性和稳定性,避免了使用金属连接件,具有独特的艺术价值。然而,随着城市化进程的加速和木材资源的逐渐短缺,传统木构造建筑面临着保护和传承的挑战。为了应对这一挑战,现代木构造建筑逐渐兴起。现代木构造建筑注重材料的高效利用和结构的优化设计,同时也注重建筑的环保性能。近年来,随着绿色建筑理念的普及和木材加工技术的进步,越来越多的实践案例采用木构造作为主要建筑结构。

2.8.2　案例

1.太原植物园

太原植物园(图 2.44)最初是煤矿区场地的改造项目,旨在修复已被破坏的景观生态环境,为人们提供一个高质量的城市边缘生活空间。太原植物园内的建筑主要由入口综合服务建筑、木结构温室、盆景博物馆、餐厅茶室及科研中心 5 部分组成。

该项目在设计之初,就决定尽可能地广泛使用木材,进行大量的预制和高质量的建造,并探索了场地中丰富的潜在历史联系。温室最突出之处是木结构的承重性和审美性的完美结合。温室的木结构是对享有中国古建筑艺术博物馆之美誉的山西传统建筑文化的传承和发展。3 个半球体温室都由双曲层压木梁作为结构,形成了 2～3 个交叠的层次。其中,最宽的圆顶温室无柱空间跨度超过 90 m,这也让它成为世界上最大的同类型木格架构之一。此外,温室所用的玻璃均为双曲面玻璃板块,并在其中设计了可以开启的窗口。从高空看去,圆顶温室中的木制主梁就好像贝壳,在场地的北侧紧紧地聚集,在南侧呈扇形散开。因此,结构的不同疏密实现了不同的透光度,从而最优化室内太阳能的增益。

(a) 鸟瞰图　　　　　　　(b) 室内空间　　　　　　　(c) 屋顶结构

图 2.44　太原植物园

2.长春市全民健身活动中心游泳馆

长春市全民健身活动中心游泳馆(以下简称游泳馆,图 2.45),位于吉林省长春市南关区,总建筑面积 10 269 m²。游泳馆采用胶合木结构屋盖,木材选用结构优选级加拿大花旗松;泳池大厅屋盖结构采取多变曲率V形撑杆张弦胶合木梁结构体系,为国内首创;木结构屋盖面积 6 300 m²。游泳馆结构高度约12.7 m。其中大游泳馆屋盖主体结构形式为单跨张弦胶合木曲梁,沿跨度方向张悬胶合木梁总长30.5 m;小游泳馆为单跨楔形胶合木梁;入口门厅柱为胶合木曲梁形式。游泳馆屋顶总长110.072 m,宽39.484 m,采用 32 根30.684 m 跨胶合木张弦曲梁做主承重结构,后端固定在游泳馆主体结构上,前端用立柱支撑,中间30根张弦梁每两根为一组,间距为1 m。两侧屋顶由后向前逐渐变宽,使整体呈扇面形。

游泳馆木构件连接均采用钢连接件,其中胶合木柱脚采用新型专利技术——装配式植筋连接节点,大型木构件连接采用内置钢板,用不锈钢销固定,提高了施工安装精度和结构强度。梁柱节点通过钢板螺栓连接,现场安装效率大幅提升。小型木构件与主体梁、柱采用螺栓、木螺钉等形式连接,安装简便,利于施工。

(a) 建筑立面　　　　　　　　　(b) 屋顶结构

图 2.45　长春市全民健身活动中心游泳馆

3.云南弥勒太平湖森林小镇国际木屋会议中心

规划中的国际木屋会议中心(以下简称会议中心,图 2.46)位于太平湖森林小镇主入口东侧,背山面水,坐西向东,视野开阔。项目本着高起点规划、高标准设计的原则,定位为"区域性国际会议中心",采用现代装配式大跨度全木结构。会议中心占地面积超 4 万 m^2,建筑总面积达 105 亩(1 亩 ≈ 667 m^2),其中主体建筑面积7 706 m^2,整体建筑木结构最大跨度达32 m,可同时容纳1 000人会议及用餐,总投资约 3 亿元。会议中心不仅是太平湖森林小镇的又一里程碑式巨作,也是人们在生态保护中的又一次大胆创新。

(a) 远景图　　　　　　　(b) 正立面图　　　　　　(c) 会议大厅

图 2.46　云南弥勒太平湖森林小镇国际木屋会议中心

会议中心建筑主体取莲花造型,开阔的水面与建筑相映成景,为整个建筑增添了灵性与活力。步入会议中心大厅内,弧形穹顶作为屋顶架构的下弦,与上部四坡顶形成整体空间,外廊部分 X 形梁柱与弧形拱门相呼应,充满韵律感和美感。建筑屋顶采用超轻金属瓦,自重轻,美观大方;侧边采用大面积的玻璃幕墙与格栅状装饰木条结合的墙体,既能保证室内光线,同时也具有隐秘性。该项目以"全木结构成就建筑之美"为设计理念。其中"木结构建筑文化"体现着中华文化中"道法自然,天人合一"的哲学观和"盛木为怀,和木而生"的文化情结。整体方案采用中式简约的现代建筑风格,提炼传统屋檐元素,配以简约精巧的檐口线条;辅以大气沉稳的实木支撑,低碳环保却也磅礴大气。

4.长白山河谷林居

长白山河谷林居(以下简称河谷林居,图 2.47)位于吉林省长白山池北二道白河镇的南端,建筑总面积2 450 m²。为了实现建筑与环境共生的目标,河谷林居采用当地技术、当地材料有机结合的共生构建方式进行建造。采用高强度的钢结构作为建筑框架,实现建筑体量的悬浮。建筑围护结构内侧采用松木,为室内空间营造了温馨的环境氛围;外层采用当地原生的火山块石垒砌而成,既作为抵御严寒气候区冬季寒风的稳定围护结构,又增强了整体结构的防火性能。内层以松木包裹空间,中间层设置压型钢板和发泡保温填充层,增强防水保温性能,并把内外各层牢固结合在一起。在河谷林居建筑形体生长的每一个端部,这种三明治式夹心复合墙体构造被切断暴露出来,揭示了外部形象的丰富层次。

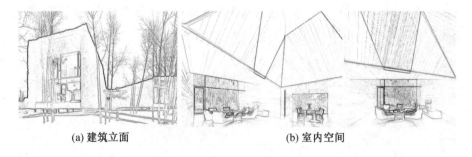

(a) 建筑立面　　　　　　　　(b) 室内空间

图 2.47　　长白山河谷林居

2.9　本章小结

本章对国内外木构造公共建筑发展进行对比、分析与总结。结合既有实例,对木构造公共建筑的结构形态、节点设计及木围护结构进行简要分析,为木构造公共建筑在严寒地区的应用提供技术指导,以期为建筑师提供在木构造建筑中应用木材的思路,从而促进木构造公共建筑在严寒地区的应用。

本章参考文献

[1] 中国人的建筑史,是用木头写成的[EB/OL]. (2021-03-07)[2021-06-08]. https://www.thepaper.cn/newsDetail_forward_ 11586619.

[2] 赵广超. 不只中国木建筑[M]. 北京:中华书局,2018.

[3] 木文化:中国古建筑之灵魂[J]. 中华民居,2011(5):42-47.

[4] 中式营造. 营造技艺:中国古建木构架,是什么? [EB/OL]. (2020-12-12) [2021-07-01]. https://www.sohu.com/a/437720631_755852.

[5] 祝恩淳,潘景龙. 中国木结构浅谈[C]. 海口:第六届中国木材保护大会暨 2012中国景观木竹结构与材料产业发展高峰论坛,2012.

[6] 林徐巍,潘曦,丘容千. 滇西北怒族井干式民居建筑营造技艺调查[J]. 中外建筑,2021(2):28-33.

[7] 杨大禹,朱良文. 云南民居 [M]. 北京:中国建筑工业出版社,2009:92.

[8] 朴世禹. 藏在木头里的智慧:中国传统建筑笔记[M]. 南京:江苏凤凰科学技术出版社,2020.

[9] 潘谷西. 中国建筑史[M]. 6 版. 北京:中国建筑工业出版社,2009.

[10] 张十庆. 从建构思维看古代建筑结构的类型与演化[J]. 建筑师,2007(2): 168-171.

[11] 夜读史书. 故宫当年建造时的木材来自哪里? 为什么这些木头不会腐烂? [EB/OL]. (2019-12-12)[2021-08-07].https://baike.baidu.com/tashuo/browse/ content? id＝35fbbd534187900ada7ea325.

[12] 季熊. 苏州园林中的木文化探析[J]. 现代园艺,2016(4):97-98.

[13] 尚景. 中国木文化[M]. 合肥:黄山书社,2011.

[14] 陈园园.木结构:从传统走向现代[N].中国建设报,2012-11-22(004).

[15] 加拿大木结构援建项目与示范工程. 建设科技[J]. 2013(17):25-29.

[16] 唐鸿博. 2019 年中国木结构建筑行业概览 [EB/OL]. (2019-11-01) [2021-08-10].https://pdf.dfcfw.com/pdf/H3_AP202007231393536575_1.pdf.

[17] 文林峰,住房和城乡建设部科技与产业化发展中心(住房和城乡建设部住宅产业化促进中心). 装配式木结构技术体系和工程案例汇编[M]. 北京:中国建筑工业出版社,2019.

[18] 国新网. 现代木结构建筑与传统木结构建筑的区别[EB/OL]. (2016-09-30)[2021-08-26].http://www.scio.gov.cn/gwyzclxcfh/cfh/2016n_14283/2016n09y30r/zy_14464/202208/t20220808_296260.html.

[19] 梁山,李旭. 对中国传统建筑思想和创作的思考. 中华民居(下旬刊)[J]. 2012(8):12.

[20] 日经建筑. 世界新式木造建筑设计:实践都市高层木造建筑的理论与实务全集[M]. 蔡孟廷,译.台北:麦浩斯出版,2019.

[21] 罗鹏,李姣佼. 全民健身馆空间模块化设计研究[J]. 城市建筑,2018(8):27-31.

[22] 中华人民共和国住房和城乡建设部. 多高层木结构建筑技术标准:GB/T 51226—2017[S]. 北京:中国建筑工业出版社,2017.

[23] FRANGI A, FONTANA M, HUGI E, et al. Experimental analysis of cross-laminated timber panels in fire[J]. Fire safety journal,2009,44(8):1078-1087.

[24] FINK G, KOHLER J, BRANDNER R. Application of European design principles to cross laminated timber[J]. Engineering structures,2018,171(11):934-943.

[25] VASSALLO D, FOLLESA M, FRAGIACOMO M. Seismic design of a six-storey CLT building in Italy[J]. Engineering structures,2018,175:322-338.

[26] 王志强,付红梅,戴骁汉,等. 不同树种木材复合交错层压胶合木的力学性能[J]. 中南林业科技大学学报,2014,34(12):141-145.

[27] 龚迎春,任海青. 正交胶合木的特性及发展前景[J]. 世界林业研究,2016,29(3):71-74.

[28] 何敏娟,孙晓峰,李征. 多高层木结构抗震性能研究与设计方法综述[J]. 建筑结构,2020,50(5):1-6.

[29] 王韵璐,曹瑜,王正,等. 国内外新一代重型CLT木结构建筑技术研究进展[J]. 西北林学院学报,2017,32(2):286-293.

[30] 熊海贝,王治方,宋依洁.高层正交胶合木—混凝土核心筒体系力学性能参数分析[J].同济大学学报(自然科学版),2019,47(10):1429-1436.

[31] ARCHDAILY. Shigeru Ban architects reveals designs for world's tallest

hybrid timber building in Vancouver[EB/OL].(2017-06-02) [2021- 10-
12]. https://www.archdaily.com/872771/shigeru- ban-architects-reveals- designs-
for-worlds-tallest-hybrid-timber-building-in-vancouver.

[32] 刘杰. 木建筑[M]. 北京:中国建筑工业出版社,2021.

第3章 严寒地区木构造公共建筑的经济效益

3.1 建筑经济效益的研究

3.1.1 国外研究现状

Robert Ries 等人通过建立一组可量化的变量,评估绿色建筑的经济效益,最终得出绿色建筑中工人生产效率提高了约 25%,能源消耗每平方英尺（1 ft² ≈ 0.093 m²）减少约 30% 的结论。

Mao Chao 等人通过实际案例针对现场预制(OSC)方法的成本进行分析,结果证明实施 OSC 或半 OSC 技术的总成本明显高于传统施工方法。主要费用来自预制构件生产、运输和设计咨询等过程。

Ali Tighnavard Balasbaneh 等人评估了 5 种木材混合结构全生命周期的环境、经济和社会效益,得出混凝土桩梁与木墙的混合结构具有更好的环境效益、经济效益及社会效益。

Lu Ray 等人评估了多层住宅框架结构的 5 个替代方案——3 种单板层积材(LVL)结构、混凝土结构及钢结构的全生命周期成本(LCC),发现 LVL 的 LCC 通常比混凝土和钢结构更优良。

Kim Sangyong 等人定量比较施工阶段两种传统类型结构框架的环境负担和建筑成本,结果表明混凝土建筑的 LCC 比钢结构建筑低约 10%。

Amitha Jayalath 等人通过对比研究澳大利亚中层 CLT 及钢筋混凝土住宅的全生命周期温室气体排放量(LGHGE)及全生命周期成本,发现 CLT 建筑 LGHGE 减少了 30%,全生命周期成本(LCC)减少了 1.3%,在施工阶段及生命周期(EOL)阶段 CLT 建筑物在 LCC 和 LCGHGE 方面具有优势,但在运营阶段则不具有优势。

3.1.2　国内研究现状

孙宇等人通过定性分析的方法对比装配式建筑与传统建筑的社会效益,得出装配式建筑在生态环境、自然资源、建筑质量等方面有明显优势。

刘桦、王镇中通过构建社会效益评价指标体系,对既有建筑改造再利用项目的社会经济及环境进行评价,为城市建造改造再利用项目提供了借鉴。

刘玉明和刘长滨针对既有建筑节能改造项目进行了经济效益评价模型的构建并提出相关评价指标。

王海军对比了两种不同结构高层住宅的经济效益,发现钢结构经济效益更为优越。

孙帅利用差额净现值、投资回收期两个指标评价了寒冷地区节能住宅的经济效益,证明了其在经济效益上的优越性。

Ji Yingbo 等人将上海一栋公寓楼从预制建构转换为传统的现浇施工,并在 BIM 平台上模拟施工进度,对比分析两者的经济效益。结果表明,选择预制施工过程时经济效益可达到 739.6 元 /m²,缩短工期是最大的经济效益因素。

目前国内关于建筑的社会效益及经济效益的研究大多集中在住宅建筑、装配式建筑及既有建筑改造上,采用的研究方法主要包含定性分析及建构评价模型进行定量分析。然而对于木构造建筑尤其是木构造体育馆的社会效益、经济效益研究仍处于空白状态。

3.2　建筑经济效益评价指标及方法

3.2.1　评价指标确立

19 世纪中叶,法国的工程师杜波伊特根据基本的经济效益分析理论提出现代经济效益,随后经济效益分析法被不断运用于其他行业。从建筑角度出发,经济效益评价指标很多,其中从全面性角度考虑,经济效益可以通过建筑全生命周期成本来衡量。因此本书将经济效益分成建造阶段、运营阶段、拆除阶段 3 个方面,分别计算对应阶段的经济成本(图 3.1),同时通过与传统钢筋混凝土体育馆(RC 体育馆)的经济效益对比,进一步明确木构造体育馆的经济效益。

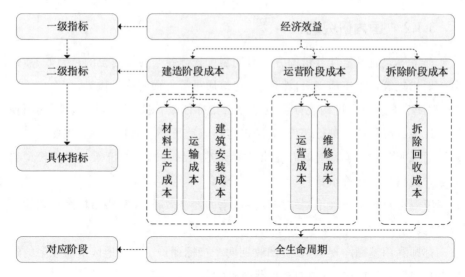

图 3.1　经济效益评价体系框架

3.2.2　评价方法

对于建造阶段,本书主要就建造成本进行计算。建造成本包含材料生产成本、运输成本及建筑安装成本。通过计算可以得到木构造体育馆及 RC 体育馆的单位面积总成本,据此可以分析木构造建筑建造成本的经济效益。

对于运营阶段,其成本主要包含运营中所消耗的能源对应的费用(运营成本)及维护成本两方面。

在拆除阶段,对于木构造建筑来讲,尽管外界环境中水分、虫蚁等因素会使部分木构件出现损坏的情况,但现代工程木的技术使木材防潮、防虫蚁能力提高,木材耐久性也随之提升,因此部分木材在建筑拆除后有回收利用的空间,因此木构造建筑的拆除阶段成本除了拆除费用,还包含木材回收利用的费用。对于传统钢筋混凝土建筑(以下简称 RC 建筑),虽然存在原有基础再利用、混凝土再生砖石砌块的情况,但根据既有研究成果,东北地区的常用做法为在拆除后将混凝土和钢材掩埋,并不回收利用,因此在本书中并未考虑 RC 建筑的回收,所以 RC 建筑的拆除阶段成本只包含拆除的费用。

总之,木构造体育馆全生命周期的经济效益主要通过定量分析的方法进行评估。

3.3　建造阶段经济效益

3.3.1　材料生产成本

材料生产成本为建筑中各项材料的用量与各项材料单位使用成本的乘积，各项材料单位使用成本见表 3.1，建筑材料总成本见表 3.2。通过计算可得出 RC 体育馆的建筑材料成本为 466.36 元 /m²，木构造体育馆则为 1 852.96 元 /m²，每平方米差额为 1 386.60 元。这表明木构造体育馆的建造成本是传统 RC 体育馆的将近 4 倍，材料生产成本非常高。

表 3.1　各项材料单位使用成本　　　　　　　　单位:元 /m²

材料	单位使用成本	材料	单位使用成本
混凝土	320	EPS 保温板	13 500
砂子	95	石膏板	120
水泥	360	木材	3 000
钢材	3 800	—	—

表 3.2　建筑材料总成本

材料	RC 体育馆分项材料成本 / 元	RC 体育馆材料总成本 /(元·m⁻²)	木构造体育馆分项材料成本 / 元	木构造体育馆材料总成本 /(元·m⁻²)
混凝土	928 144.41		275 545.60	
砂子	88 913.47		63 852.85	
水泥	91 253.30		65 533.19	
钢材	1 329 423.55	466.36	513 739.66	1 852.96
EPS 保温板	254 016.61		254 016.61	
石膏板	13 189.80		15 179.35	
木材	—		9 559 275.69	

3.3.2　运输成本

除木材之外的其他材料属于传统建筑行业常见的材料，在体育馆基地附近的城市可实现就近调度及运输，其平均运输里程设定为 30 km。对于木材来讲,由于国内政策影响,我国依旧是世界上最大的木材采购商之一,主要进口国为俄罗斯、加拿大等。满洲里借助边境优势成为我国重要的进口木材加工基地,假设木材从该地运输至体育馆所在基地,距离约 1 000 km。运输的费用取 0.50 元 /(t·km),木构造体育馆与 RC 体育馆的运输成本见表 3.3,RC 体育馆运输总成本为 15.56 元 /m²,木构造体育馆为 10.74 元 /m²。

表 3.3　运输成本

材料	RC 体育馆分项运输成本 / 元	RC 体育馆运输总成本 /(元·m⁻²)	木构造体育馆分项运输成本 / 元	木构造体育馆运输总成本 /(元·m⁻²)
混凝土	65 707.94		21 957.54	
砂子	14 038.97		10 082.03	
水泥	3 802.22		2 730.55	
钢材	5 247.72	15.56	2 027.92	10.74
EPS 保温板	254 016.61		282.24	
石膏板	13 189.80		1 328.19	
木材	—		23 898.19	

3.3.3　建筑安装成本

RC 体育馆采用现浇施工,建筑安装费用为 22.06 元 /m²;木构造体育馆采用装配式建造,其安装费用主要借鉴装配式建筑的构件安装费用,取 14.64 元 /m²。木构造体育馆除了在建造速度及建造质量上有着巨大优势,安装成本也低于 RC 体育馆。

3.3.4　建造阶段经济效益对比分析

从整体来看,建造阶段木构造体育馆的经济效益低于 RC 体育馆,且差距较大(表 3.4)。其中差距最大的分项在于材料生产成本,这主要是由于我国建筑木材料市场还未形成完整的规模效应,现阶段木材的材料成本远高于已经工业化生产的混凝土材料。另外,由于木构造建筑中大量减少了密度较大的混凝土材料,而采用密度较小的木材,在运输成本方面,木构造的经济效益高于 RC 建筑。在安装成本中,木构造体育馆在建造时主要采用机械设备进行安装而无须现浇施工,节省大量人工成本,导致安装费用较低。

表 3.4　建造阶段木构造造体育馆与 RC 体育馆经济成本　单位:元 /m²

分项经济效益	RC 体育馆	木构造 体育馆	木构造体育馆相比 RC 体育馆 经济成本差值
材料生产成本	466.36	1 852.96	1 386.6
运输成本	15.56	10.74	− 4.82
建筑安装成本	22.06	14.64	− 7.42
总计	503.98	1 878.34	1 374.36

从分项上看,两类建筑各分项占比相似,最高的都是材料生产成本,较低的为运输成本及安装成本(图 3.2、图 3.3)。相比于 RC 体育馆,木构造体育馆材料成本占比更高,因此木构造建筑经济效益的优化可通过降低木材生产成本的方式实现;而木构造的材料生产成本与木材行业工业化生产息息相关。

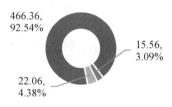

图 3.2　RC 体育馆分项经济成本(单位:元 /m²)

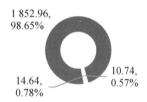

图 3.3　木构造体育馆分项经济成本(单位:元 /m²)

3.4 运营阶段经济效益

3.4.1 运营成本

在运营阶段,建筑供暖采用的能源为煤炭,其他能耗均按照商业用电计算。木构造体育馆与 RC 体育馆一年内的采暖能耗及其他能耗见表 3.5。根据表中显示的煤炭与电力单位放热量,用耗电量除以单位放热量即可得出煤炭及电力的消耗量。煤炭的价格为 550 元 /t,商用电费价格为 1.2 元 /kW·h(表 3.6),因此可分别计算出木构造体育馆与 RC 体育馆的煤炭费用、电费,进而得出各自的运营成本为133.30 元 /m² 及 132.46 元 /m²。由此可以看出,木构造体育馆相比于 RC 体育馆一年可节省 0.84 元 /m²,整栋木构造建筑全年可节省4 885.97 元 / m²,在全生命周期节省率为 0.6%,具有一定的运营经济效益。

表 3.5 建筑采暖与其他耗能值及煤炭、电力消耗量

建筑类型	采暖 /(MJ·m⁻²)	其他能耗 /(MJ·m⁻²)	煤炭单位 放热量 /(kJ·kg⁻¹)	电力单位 放热量 /(kJ·kW⁻¹·h⁻¹)	煤炭量 /(t·m⁻²)	电力消耗量 /(kW·h·m⁻²)
RC 建筑	412.56	367.40			0.020	102.05
木构造建筑	341.79	370.45	20 934	3 600	0.016	102.90

表 3.6 木构造体育馆与 RC 体育馆的运营成本

建筑类型	煤炭价格 /(元·t⁻¹)	商用电费价格 /(元·kW⁻¹·h⁻¹)	用电费 /(元·m⁻²)	煤炭总费用 /(元·m⁻²)	运营成本 /(元·m⁻²)
RC 体育馆			10.84	122.47	133.30
木构造体育馆	550	1.2	8.98	123.48	132.46

3.4.2 维修成本

不对房屋进行非常大的变动,仅常规维护的费用一般为房屋新建造价的1% 以下;如果采取更换少部分建筑构件、基本保持建筑原状的方式,其维修成本一般占新建造价的 25% 以下;针对房屋的大修,其成本一般为新建造价的25% 以上。在本书中假设木构造体育馆在全生命周期小修一次及中修一次,小修成本为房屋新建造价的 1%,中修成本为房屋新建造价的 25%。

由于混凝土具有优异的耐久性,RC 体育馆设定为整个生命周期中期修理维护一次,维修费用占房屋新建造价的 6%。最终得到的木构造体育馆及 RC 体育馆在运营阶段的维修成本见表 3.7。

表 3.7　木构造体育馆及 RC 体育馆在运营阶段的维修成本

建筑类型	建造成本 /(元·m^{-2})	小修 /(元·m^{-2})	中修 /(元·m^{-2})	维修成本合计 /(元·m^{-2})
RC 体育馆	503.98	30.24	——	30.24
木构造体育馆	1 908.35	19.08	477.09	496.17

3.4.3　经济效益对比分析

基于上述的运营成本及维护成本分析,可得到如表 3.8 所示的两类体育馆的运营阶段的经济效益。对于木构造体育馆来说,维修成本占到总运营阶段经济成本的 78.93%,而 RC 体育馆则运营成本占比较高,为 81.51%(图 3.4、图 3.5)。总的来看,运营阶段木构造体育馆经济效益低于 RC 体育馆,尽管木构造体育馆在运营中成本较低,但是运营后期由于木构件易受自然气候的影响,其维修、更换费用远高于混凝土结构的体育馆。

表 3.8　运营阶段木构造体育馆与 RC 体育馆经济成本

分项经济成本	运营成本 /(元·m^{-2})	维修成本 /(元·m^{-2})	运营阶段成本总计 /(元·m^{-2})
RC 体育馆	133.3	30.24	163.54
木构造体育馆	132.46	496.17	628.63

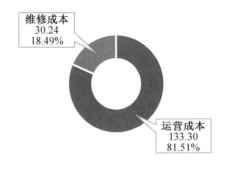

图 3.4　RC 体育馆运营阶段分项经济成本(单位:元 /m^2)

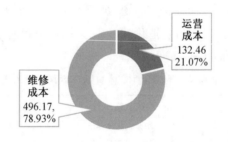

图 3.5　木构造体育馆运营阶段分项经济成本(单位:元 /m²)

3.5　拆除阶段经济效益

3.5.1　拆除成本

RC 建筑,除了留下大量的建筑垃圾,对周围建筑环境造成严重影响之外,几乎不存在可以二次利用的价值。因此本书设定 RC 体育馆在拆除后不做回收,进行掩埋处理,并将 RC 体育馆房屋拆除的费用设定为 37 元 /m²。木构造建筑由于存在回收的可能性,其效益包含拆除及回收两方面的差值收益。由于轻钢结构与木结构相似,也采用预制化建造,其拆除后也可二次利用,因此本书中木构造的拆除回收成本借鉴轻钢结构建筑拆除的费用,即 10 元 /m²。

3.5.2　回收效益

1.人力与时间成本

RC 体育馆一般使用液压锤、液压剪使得整体建筑倾覆、坍塌、粉碎,或者直接采取爆破的方式,对拆除精度及拆除后的建筑各部分形态要求非常低,拆除后的废料直接进行掩埋,时间花费少,较为便利。

虽然木构造建筑在安装时主要采用机械化设备进行施工,但是由于木构造建筑的大部分构件可进行回收,拆除时比装配式安装时要更加复杂,利用机械无法实现对木构件的精确回收利用,因此在木构造体育馆进行拆除时主要采用以人工为主机械为辅的方式(图3.6、图3.7)。相比于RC体育馆,整个过程较为复杂烦琐,对人工、精准性要求较高,时间成本也相应增加。

图 3.6　木构造建筑机械化拆解

图 3.7　木构造建筑构件的分拣与拆解

2.回收利用效益

RC 体育馆因拆除方式而产生的主要问题是所有材料的废弃及资源的浪费。而对于预制化的木构造体育馆来说,拆除即为建造组装的反向行为,基于各个节点,将构件拆解后分类,为回收利用做基础。体育建筑使用木构件数量多且尺寸大,在安装时按照类型分别进行编号,可使木材的回收利用方便快捷(图 3.8)。一些大型场馆目前已经具备相关的回收设计概念与技术,可为中小型场馆提供借鉴。2020 年东京奥运会设计的主场馆中,使用了从日本 47 个县采集来的木材,不同的木构件被分别标号,建造与使用完成后,拆除时将按照标号运回原地或者重复利用到新的建筑中(图3.9)。里士满奥林匹克速滑馆则利用回收的松木建造天花板,鼓励木材的可持续利用。

图3.8　木构件编号

图3.9　东京奥运会场馆标准化木构件

3.5.3　拆除阶段经济成本对比分析

根据上述对于木构造体育馆与RC体育馆拆除费用的分析可知,木构造体育馆比RC体育馆低27元/m²,就整个建筑拆除阶段来讲可节省156 600元(表3.9),节省率达72.9%。由此可见,由于木构造建筑拆除后有很高的利用率,拆除阶段有较高经济效益,非常有利于我国建筑绿色化的发展趋势。

表3.9　建筑拆除阶段的经济成本

建筑类型	拆除面积/m²	单价/(元·m⁻²)	合计/元
RC体育馆	5 800	37	214 600
木构造体育馆	5 800	10	58 000

3.6　经济效益评价

经过以上对于建造阶段、运营阶段及拆除阶段经济成本的计算，可得到木构造体育馆与 RC 体育馆全生命周期中的经济成本结果（表 3.10、图 3.10、图 3.11）。两类建筑中 3 个阶段的经济成本占比基本保持一致，即建造阶段占比最高，运营阶段占比次之，拆除阶段占比最低。

其中，木构造体育馆的建造阶段成本高于 RC 体育馆，其主要原因在于木材的材料成本远高于混凝土材料，这需要木材在建筑行业中不断发展才能降低成本，这不在本书研究范围内，在此不多做探讨。尽管运营阶段中木构造体育馆的运营成本低于 RC 体育馆，但是较高的维护成本使得整个运营阶段的木构造体育馆经济效益低于 RC 体育馆，其主要原因在于为了保持木建筑的耐久性，需要对木建筑进行定期维护。在拆除阶段，由于木材的可回收性，木构造体育馆经济效益高于 RC 体育馆。

表 3.10　木构造体育馆与 RC 体育馆在全生命周期阶段中的经济成本

建筑类型	经济成本 /(元·m^{-2})			
	建造阶段	运营阶段	拆除阶段	全生命周期
RC 体育馆	503.98	163.54	37	704.52
木构造体育馆	1 878.34	628.63	10	2 516.97

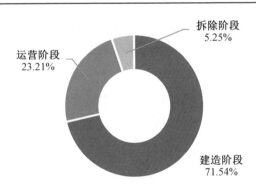

图 3.10　RC 体育馆全生命周期经济成本占比

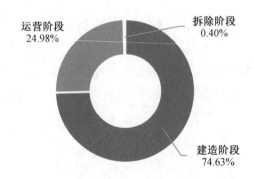

图 3.11　木构造体育馆全生命周期经济成本占比

3.7　本章小结

本章将建筑的生命周期分成 3 个阶段,分别是建造阶段、运营阶段及拆除阶段。木构造体育馆在建造阶段及运营阶段的经济成本均大于 RC 体育馆;拆除阶段则相反。从全生命周期来看木构造体育馆的经济效益要低于 RC 体育馆。

本章参考文献

[1]长春市体育局. 长春市全民健身活动中心游泳馆将于十·一前"开门迎客"[EB/OL]. (2019-09-24)[2021-10-23]. http://tyj.changchun.gov.cn/zxdt/201909/t20190924_2030500.html.

[2]王昭俊,张素梅,王海云,等. 新型木龙骨复合墙体和屋面的热工性能研究[C]. 哈尔滨:中国钢结构协会钢-混凝土组合结构分会第十次年会,2005.

[3]RIES R, BILEC M M, GOKHAN N M, et al. The economic benefits of green buildings: A comprehensive case study[J]. The engineering economist, 2006, 51(3): 259-295.

[4]MAO C, XIE F Y, HOU L, et al. Cost analysis for sustainable off-site construction based on a multiple-case study in China[J]. Habitat international, 2016, 57: 215-222.

[5]BALASBANEH A T，BIN MARSONO A K，KHALEGHI S J. Sustainability choice of different hybrid timber structure for low medium cost single-story residential building：Environmental，economic and social assessment[J]. Journal of building engineering，2018，20：235-247.

[6]LU H R，EL HANANDEH A，GILBERT B P. A comparative life cycle study of alternative materials for Australian multi-storey apartment building frame constructions：Environmental and economic perspective[J]. Journal of cleaner production，2017，166：458-473.

[7]KIM S，MOON J H，SHIN Y，et al. Life comparative analysis of energy consumption and CO_2 emissions of different building structural frame types[J]. The scientific world journal，2013(4)：175702.

[8]JAYALATH A，NAVARATNAM S，NGO T，et al. Life cycle performance of cross laminated timber mid-rise residential buildings in Australia[J]. Energy and buildings，2020，223：110091.

[9]孙宇，于周，绳惠中. 针对装配式建筑结构的社会效益分析[J]. 现代物业(中旬刊)，2019(1)：22-23.

[10]刘桦，王镇中. 城市既有建筑改造再利用项目社会效益评价研究[J]. 建筑经济，2013，34(2)：75-77.

[11]刘玉明，刘长滨. 基于全寿命周期成本理论的既有建筑节能经济效益评价[J]. 建筑经济，2009，30(3)：58-61.

[12]王海军. 钢结构和混凝土结构在高层建筑中的应用经济性能对比[J]. 混凝土，2018(5)：123-126.

[13]孙帅. 基于全寿命周期理论的寒冷地区节能住宅经济效益评价[D]. 济南：山东建筑大学，2011.

[14]JI Y B，CHANG S W，QI Y，et al. A BIM-based study on the comprehensive benefit analysis for prefabricated building projects in China[J]. Advances in civil engineering，2019(1)：3720191.

[15]GUO H B，LIU Y，MENG Y P，et al. A comparison of the energy saving and carbon reduction performance between reinforced concrete and cross-laminated timber structures in residential buildings in the

severe cold region of China[J]. Sustainability，2017，9(8)：1426.

[16] 闫红缨. 预制装配式体系建造成本的比较分析[J]. 住宅产业，2012(7)：36-38.

[17] 郭德坤. 装配式建筑的方案及造价分析[D]. 郑州：郑州大学，2017.

第4章　严寒地区木构造公共建筑环境生产低碳效益

4.1　建筑环境效益研究现状

4.1.1　国外研究现状

国外关于木构造建筑的环境效益研究大多集中在住宅或办公楼中。现阶段较为成熟的木构造建筑环境效益研究成果主要分为以下3种。

一是研究全生命周期碳排放量,通过采用与传统材料(钢筋混凝土、砖石等)对比模拟的方式,得出木建筑在全生命周期成本上有着天然优势。例如,Li Jiehong 等人对比研究 3 种不同木材比例的高层建筑的结构性能和环境效益,证明了在澳大利亚利用木材建造高层建筑的可行性及其优良的环境效益。Annette Hafner 等人对不同建筑结构的住宅建筑进行全生命周期评估比较,得出用木材建造住宅可减少温室气体排放的结论。

二是研究全生命周期能耗。例如,Alireza A. Chiniforush 等人对比研究 4 种不同建筑物结构的全生命周期能耗,提出在钢结构建筑中采用钢木复合地板及剪力墙会降低全生命周期能耗,可以减少对环境的负面影响。

D. Thomas 和 G. Ding 对比研究木材与传统高密度材料建筑的时间、全生命周期成本(LCC)和全生命周期能耗(LCE),证明了木材的可再生性质可减少建筑对环境负面影响。Liu Ying 等人利用 IES－VE 对比模拟正交胶合木(CLT)和混凝土住宅在运营阶段的能耗并计算碳排放量,其他阶段能耗及碳排放量通过现有数据预估计算,得出使用CLT将减少30%以上的能源消耗,并减少 40% 以上的 CO_2 排放。

三是从室内及室外环境角度衡量建筑的环境效益。例如 G. Assefa 使用 Ecotect,并利用环境效率的概念来评估和比较不同建筑物之间的室内和室外环境。

4.1.2 国内研究现状

国内关于木建筑的环境效益已有一部分研究成果。例如,2018年,李介鹏借助能耗模拟对木结构建筑形态进行归纳,探究严寒地区木结构建筑形态的丰富性与低耗能之间的平衡。2017年,胡家航等人基于生命周期评价方法,针对井干式木结构建筑的环境影响研究,提出井干式木结构产品在预制过程为环境影响的主要阶段。

关于大跨度建筑的环境效益研究成果主要有:李恬等人对比研究气膜结构体育馆与混凝土体育馆的建筑能耗差异,明确气膜结构建筑的节能性,并提出相应节能策略。赵洋通过模拟与实测的方法,以低能耗为目标针对严寒地区体育馆提出设计策略。相贝、刘曙光实地调研严寒地区体育馆建筑并建立能耗模型,分析能耗特点,有助于体育馆建设的节能设计及改造。李小芳首先梳理了体育馆屋顶特点,然后通过能耗模拟及定性分析的方法分析体育馆屋顶形态、构造及开口与能耗之间的关系,以此提出降低体育馆能耗的设计策略,促进节能减排。刘畅以大量实际案例为基础,抽象和分类建模并采用 Design Builder 模拟分析,研究可以降低体育馆能耗的建筑形体。

国内环境效益成果较多,基本采用定量分析方法,其评价指标一般采用建筑在全生命周期或者单个阶段的能耗与碳排放量。相比国外已有研究成果,国内的木构造建筑环境效益研究还有很大的发展空间。

4.2 木构造建筑建造阶段环境协调性效益

环境协调性主要指建筑中消耗木材、水等资源时与社会环境等发展趋势的顺应性。本节就木构造体育馆消耗木材的情况进行分析,主要包括材料绿色化(对应就地取材)及材料精准化(对应节省材料)两方面。

4.2.1 材料绿色化

材料绿色化意为建筑材料对社会环境的友好性。我国东北地区林业资源丰富,具有就地取材的材料基础,而无须浪费大量不可再生的矿石资源作为建筑材料,因此木构造体育馆具有与社会环境发展趋势相符合的特点。我国一直提倡和践行"绿水青山就是金山银山"的绿色发展理念,政府对林业资源适度开发进行指导和管控。在树苗、半成年、成年及老年的 4 个生长阶段中,树木在成年阶段对改善生态环境发挥重要作用,但生长至老年阶段时活力开始下降,容易受到环境及致病原的影响。Jiang Mingkai 等人研究发现随着大气中 CO_2 浓度的上升,成熟的森林可能不会再储存额外的碳。因此,在树木进入老年阶段以前将其循环再造成建筑材料,不仅可以使其生命周期超过老年期限,促进林业资源的"可持续再生",也可以防止树木在老年阶段死亡后生物质分解排出 CO_2,造成对环境的负面影响。

4.2.2　材料精准化

现代工程木在加工时遵守模数化,只要建筑设计阶段将体育馆空间与木材模数化进行适配,然后按照部分空间整体模块化及部分预制化构件的方式将整体建造拆解即可。装配式施工采用机械施工为主、人工为辅的方式,无须在现场对木材进行加工,提高木材的使用率。另外,采用装配式施工方式,建筑垃圾可以减少 95%,避免建造完成后场地清理耗费时间与人工,并减少建筑垃圾掩埋的运输处理成本,符合国家对于装配式建筑及绿色建筑的政策要求。

4.3　环境效益评价指标及方法

从整体角度看,环境效益是人类社会活动对环境影响的衡量,自然、经济、人文等多种方面的人类活动都可能会导致各种环境变化,因此环境效益评价需要进行多方面的综合评估和衡量。

从建筑领域来看,环境效益可分为室内环境效益(建筑内部环境的影响)与大气环境效益(建筑整体对外部环境的影响)。建筑内部的环境影响主要体现在运营阶段对空气温湿度、空气质量的影响。建筑整体对外部的环境影响主要体现在全生命周期消耗能源而造成的温室气体排放。

4.3.1　评价指标确立

单独研究木构造体育馆建筑的环境效益无法直观得出其优势及特点,因此本章在定量研究时采用对比的方法,在相同条件下对木构造体育馆与传统体育馆(RC 体育馆)的建筑数据进行对比,然后得出结论。

1.室内环境效益

室内环境效益研究范围为建筑全生命周期中的运营阶段,主要包含室内的温度、湿度、气流、空气质量等方面。其中气流与空气质量主要与建筑开窗通风设计有关,而与本书研究的木构造与混凝土外围护结构关系不大,因此本章主要研究室内的温度环境,即木构造体育馆建筑的保温性能。室内热环境主要指在运营阶段建筑给人提供的环境,其评估主要包含以下两个方面。

一是能耗角度。在相同的热环境条件下,分别模拟木构造体育馆与传统体育馆建筑的能耗,对比分析两者能耗。能耗低则表明:在能耗一定的情况下,建筑能够提供更舒适的室内热环境,即有着良好的室内环境效益。

二是温度动态变化角度。在使用空调等温度调节方式的情况下,分别模拟木构造体育馆与传统体育馆建筑比赛大厅的温度波动情况,研究两者在室内温度上的差异。

具体有以下 3 个评价指标(图 4.1)。

(1) 能源使用强度(energy use intensity,EUI)。EUI 是评估建筑能耗大小的指标,其表达式为建筑的全年总能耗除以建筑总面积[单位为(kW·h)/(m² · a)],即

$$EUI = \frac{E_t}{S_t} \tag{4.1}$$

式中　　E_t——建筑全年总能耗(kW·h);

　　　　S_t——建筑总面积(m²)。

EUI 的值越小,表示建筑消耗的能源越少,即建筑在能耗相同的情况下可以提供更加舒适的热环境;EUI 的值越大,则表示建筑消耗的能源越多。因此 EUI 可用来评估多个建筑之间的能耗及室内环境效益情况。

(2) 相对能量消耗(relative energy consumption,REC)。REC 表示节能建筑方案与非节能建筑方案之间的能耗差值百分比,即

$$REC = \frac{EUI_a - EUI_b}{EUI_a} \times 100\% \tag{4.2}$$

式中　　EUI_a——未实施节能设计方案的基准模型的年单位面积能耗;

　　　　EUI_b——实施节能设计方案的实验模型的年单位面积能耗。

在本书中,以 RC 体育馆建筑作为参照,即式(4.2)中的非节能方案 a,用木构造体育馆作为式(4.2)中的节能方案 b,计算木构造体育馆的相对能耗百分

比。REC 的值越大,表示木构造体育馆越节能。

（3）室内温度波动曲线。该指标主要用来判断室内温度的动态变化情况,重点观察期为一年中温度最极端的夏季(6～8月)与冬季(12月至次年2月)。

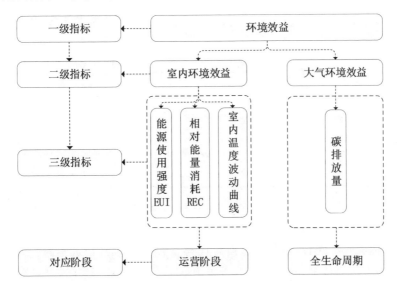

图 4.1 环境效益评价体系框架

2.大气环境效益

建筑对大气环境的影响主要体现在建筑的温室气体排放层面。而温室气体的计算主要包含两个方面,即碳排放量及碳吸收量。其中碳排放量包含两部分,即建筑消耗的能源对应的碳排放及建筑材料生产过程中直接释放的 CO_2。碳吸收量主要指部分含石灰的建筑材料在运营阶段产生的碳化反应所吸收的 CO_2。由于该部分计算过程较为复杂,在本章节不详细介绍。

4.3.2 评价方法与工具的选择

为了在运营时给室内活动人员提供舒适的环境,体育馆会消耗大量能源。体育馆能耗主要包含以下 6 个方面:采暖、制冷、通风、照明、设备及生活热水。因此体育馆建筑运行的能源消耗与建筑所在地区气候、运行时间、活动类型、建筑体型系数、建筑朝向、建筑外围护结构、建筑开窗等因素直接相关。

1.能耗研究方法确立

建筑能耗的研究方法主要分成两类,即实验研究与模拟研究,具体方法的优缺点见表 4.1。

表 4.1　建筑能耗的研究方法

研究方法类型		优点	缺点
实验研究	实验实践研究	能耗数据更真实	耗时长、成本高、不可控因素较多
	能耗监测系统	数据准确、获取简单便捷	发展不成熟、各建筑类型之间数据兼容性差
模拟研究	静态模拟方法	计算速度快，容易手算	只包含供暖、制冷数据，不全面
	动态模拟方法	可快速模拟长时间内的逐时数据	需根据实际情况设置各类参数，并对模型进行简化

　　实验研究的一种方式是实验实践研究，它是指测算实际建筑在设定的实验条件下的制冷及供暖等方面的能源消耗量，能够得到人最真实行为模式的能耗数据，但实验时间长，全年的数据需观测一年，时间及经济成本高。另一种方式是借助大数据技术，在建筑运营过程中通过专门的监测系统统计建筑能耗。国家近年也出台了一系列政策促进建筑能耗监测系统的发展。来源于实际监测的能耗数据相比模拟方法更为准确，针对不同地区、不同类型的建筑都有非常详细的数据，有利于研究总结各类建筑的针对性节能优化设计方案，为设计、管理、运营者提供技术参考，并不断修正模拟计算技术。但由于系统并不成熟，不同建筑之间的能耗监测系统兼容性不高，后续能耗数据处理过程较为烦琐。

　　模拟研究可分为静态模拟方法与动态模拟方法。静态模拟方法是一种理论状态下的简化计算方法，计算速度快，容易手算，可用作研究能耗趋势，并进行系统比较与代替，主要包含度日法、温频法、满负荷系数法、有效传热系数法等。上述负荷计算方法只包含建筑能耗中的制冷与采暖能耗，但是在实际建筑使用中，照明、电力设备等能耗也应包含在内。建筑能耗影响因素众多，如建筑室外气候环境、室内人员活动情况等。动态模拟方法可针对逐时室外气象条件变化和室内温湿度等要求计算，且可模拟全年甚至更长时间的逐时空调负荷和总能耗。因此动态模拟方法能够综合考虑多项因素，结果更加准确。

　　由于动态模拟耗时短，可短时间内大量模拟建筑能耗，因此本书中室内环境效益主要通过动态模拟方法进行评价；大气环境效益的 3 个阶段中，建造阶段与拆除阶段可以通过计算完成，而运营阶段的温室气体排放量则需要在能耗的基础上进行计算。因此,下面将确定本书要使用的模拟实验软件。

2.能耗研究软件平台确立

本书选择实验工具时主要考虑以下 4 方面。

(1)易操作性。实验环节作为众多评估环节之一,其耗费时间与复杂程度将直接影响整个评估进度,因此实验工具需要有易操作性,不仅有利于评估进度,也便于实验模拟的可重复性。

(2)兼容性。模拟实验中的建模、参数等大量信息需要使用不同的软件工具,这就要求选取的软件具有高度的兼容性,方便数据互相导出,以避免大量重复的工作,节省时间。

(3)准确性。软件工具模拟结果将直接影响评估结果与结论,因此软件工具进行实验模拟时必须保证数据的严谨性与科学性。

(4)界面结果可视化。得到的实验模拟结果能够通过软件操作界面直接以图或者表的结果显示出来,有助于结果的直接展现与美观性。

表 4.2 总结了常见建筑模拟平台的功能,如 EnergyPlus、IES-VE 等。由于现有研究成果在比较木材围护结构与传统材料围护结构时多采用英国 IES 公司开发的 IES-VE,其相关方法及相关参数研究更为成熟,具有模拟计算结果精确、多功能模块联动使用等优点,且能耗、室内温度情况等均可实时模拟。因此本书主要以 IES-VE 模拟平台为依托展开研究,分别模拟木构造体育馆建筑的能耗与室内温度情况,与相同情况下使用钢筋混凝土的体育馆(RC 体育馆)进行对比分析,从而确定木构造体育馆建筑屋面的室内环境效益。然后依据运营阶段的能耗及既有碳排放研究,计算其全生命周期的碳排放量。

表 4.2　建筑能耗模拟平台简介

开发商	软件名称	功能
美国能源部	EnergyPlus	快速动态模拟能耗,并分全年、月份、小时导出详细表格数据
英国 IES 公司	IES-VE	ModelIT 可建模,ApacheSim 模块可进行动态逐时模拟,参数设计与输入集成化,较为便捷
Robert McNeel & Assoc	Grasshopper(GH)插件 Honeybee	可实时模拟,大量模拟实验时较为便捷,需对各项参数详细设计及输入

续表4.2

开发商	软件名称	功能
清华大学	DeST	可模拟建筑形式复杂的模型,评估建筑冷热量消耗

3.IES－VE 软件简介

IES－VE软件主要包含9个模块,其中建筑能耗及室内温度模拟时主要使用的模块包括用于建模及导入外部模型的 ModelIT 模块、参数输入后可逐时模拟的 ApacheSim 模块。软件主界面如图 4.2 所示,最左侧为 ModelIT、Apache 等模块的任务栏,最上部为模拟参数相关的设置工具栏,中部为建模、能耗模拟区域(图 4.3)。该软件可同时模拟能耗及室内温度,主要操作流程:先在 ModelIT 中针对建筑模型进行3D建模,或者通过SketchUp软件建模后导入该模块;建模完成后,点击最上部任务栏中的"Building Template Manager"按钮,进入构造及热环境设置栏,根据相关规定设置即可(图 4.4),在该栏最下部的栏目涉及时刻表及人行为模式的设置(图 4.5);所有参数设置完成后,进入Apache 模块,开始模拟过程。模拟完成后在 VistaPro 模块导出数据。

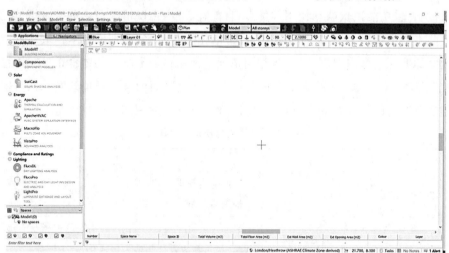

图 4.2　IES－VE 软件主界面

图 4.3　　模块任务栏

图 4.4　Building Template Manager 界面

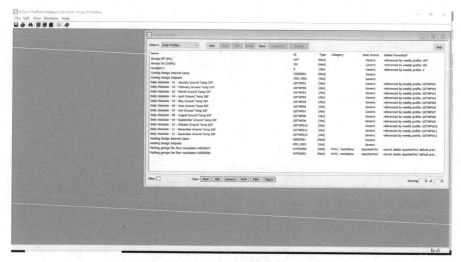

图 4.5　时刻表设置界面

4.4　木构造中小型公共建筑环境效益实验建构

4.4.1　实验架构简介

为量化研究木构造公共建筑的室内环境效益及大气环境效益,以小型体育建筑(体育馆)为例,建立了本章中的模拟实验,图4.6即为木构造体育馆与RC体育馆的实验架构设计的整体流程及具体内容。

(1)通过IES-VE软件分别模拟木构造体育馆与RC体育馆运营阶段的室内环境效益,即能耗量和室内温度情况。

(2)建筑全生命周期的净碳排放量为碳排放量及碳吸收量的差值,其中碳排放又可分为两种,即图4.6中的1、2种方式,3为碳吸收量。由以上方式可分别计算出两种体育馆的碳排放量。

(3)针对两种体育馆运营阶段的能耗、室内温度及全生命周期的碳排放对比分析,评价木构造体育馆综合效益。

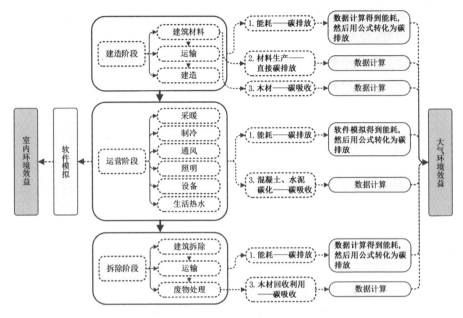

图 4.6　环境效益结构框架图

4.4.2　评估流程

1.室内环境效益

能耗量与室内温度波动情况均可由 IES－VE 软件通过动态能耗计算方法模拟得到,其实验模拟流程主要分为 4 个部分,如图 4.7 所示。

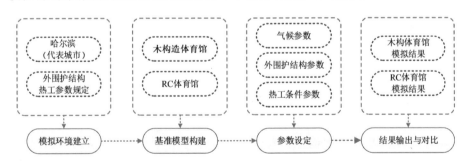

图 4.7　能耗与室内温度实验模拟流程

（1）确定实验模拟及建筑所在的环境,并根据该地区的热工规范考虑外围护结构的热工性能极限值。

（2）根据前文理论部分,构建木构造体育馆与 RC 体育馆的基准模型。

（3）对木构造体育馆与 RC 体育馆的气候参数、外围护结构参数、热工条件参数进行设置，其中除了外围护结构参数外，其他参数两者设置相同。

（4）输出两者的模拟结果，包含能耗部分与室内温度部分，然后针对结果对比分析，对室内环境效益进行评估。

2.大气环境效益

大气环境效益主要通过计算 CO_2 排放量进行评估。建筑全生命周期的净碳排放量主要为碳排放量及碳吸收量的差值，碳排放又包含能源消耗转化的碳排放和建筑材料生产直接造成的碳排放两方面内容。碳排放的计算流程如图 4.8 所示。

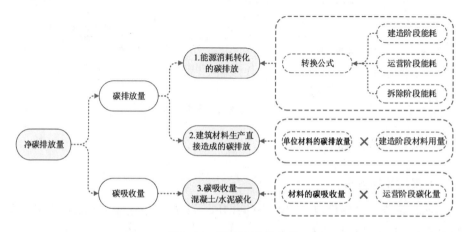

图 4.8　碳排放计算流程

（1）能源消耗转化的碳排放。能源消耗所导致的碳排放首先需要计算全生命周期的能耗，然后通过转换公式得到碳排放量。全生命周期能耗的计算方式如下。

① 建造阶段能耗。建筑在建造阶段的能耗主要包含建筑材料生产的能耗、运输能耗及建造能耗。建造过程中建筑材料单位能耗见表 4.3。建造阶段的能耗计算主要涉及木构造体育馆与 RC 体育馆分别所使用的各种材料用量。为了简化计算过程，本书在计算能耗时只统计用量较大的建筑材料，具体材料用量见本书 3.3 节。RC 体育馆与木构造体育馆建造能耗根据已有研究成果分别设定为 100 MJ/m²、20 MJ/m²。

表 4.3　建造过程中建筑材料单位能耗一览表

建筑材料	材料生产中消耗电能		建筑材料	材料生产中消耗电能	
	单位	数值		单位	数值
混凝土	GJ/t	0.764	沙子	GJ/t	0.029
石膏板	GJ/m³	2.400	水泥	GJ/t	3.186
木材	GJ/m³	0.545	钢铁	GJ/t	19.520
运输（火车）	MJ/(t·km)	0.220	EPS 保温板	GJ/t	94.000
运输（货车）	MJ/(t·km)	2.300			

② 运营阶段能耗。该阶段能耗主要依靠 IES－VE 软件在相应的研究环境下建立模型模拟获得，其原理及计算流程与室内环境模拟中的能耗量相同，在此不再赘述。

③ 拆除阶段能耗。在这一阶段，为了简化计算过程，本书在已有文献的基础上进行了以下一些假设。

现有研究表明，建筑物拆除的能耗为建筑物建造阶段能耗的 90%。RC 体育馆和木构造体育馆的拆除面积分别设定为 90 MJ/m² 和 18 MJ/m²。

对于 RC 体育馆，本书假设所有的混凝土和钢材在拆除后都会被填埋。这也是目前东北地区的做法。因为体育馆的钢材使用量较少，其回收并不会对体育馆建筑的能耗总量及碳排放总量产生显著影响，因此在计算时忽略钢材回收。

对于木构造建筑来说，由于环境中的不利因素导致部分木材无法重新利用。假设木材的回收率为 60%，剩下 40% 无法回收的木材则用于产生生物质能，其储存的碳最终重新排向大气环境。

由于拆除阶段中建筑废物运输问题较为复杂，涉及因素较多，且运输所消耗的能源相比建筑整体能耗较少，因此本书忽略在拆除阶段的运输能耗。

由此可得到 RC 体育馆与木构造体育馆全生命周期各阶段的能耗。能耗的来源可分为原煤与电力两种。在建造阶段，材料生产所消耗能源主要来源于电力。在运营阶段，体育馆运营时的两大主要能源是原煤和电力。其中电力用于制冷、通风、照明、热水及家用电器，原煤用于采暖。在拆除阶段，本书假定所有能耗来自电力。原煤和电力的碳排放量可分别由式（4.3）和式（4.4）得到：

$$E_t = \sum Q_{jt}\eta_j \times \frac{11}{3} \tag{4.3}$$

$$E_t = \sum Q_{jt} C_j \eta_j \tag{4.4}$$

式中　E_t —— 所研究建筑的碳排放量值;

　　　Q_{jt} —— 研究所在城市中煤、电的能源消耗;

　　　C_j —— 第 j 个能量来源的放热量;

　　　η_j —— 第 j 个能源的碳排放系数。

C_j 和 η_j 的值对于原煤和电力来说为固定值,见表 4.4。

表 4.4　原煤和电力的 C_j 和 η_j

能源名称	C_j	η_j	研究所在城市
原煤	20.934 kJ/kg	26.80 (t−C/TJ)	—
电力	3 600 kJ/(kW·h)	1.14 (t−CO_2/(MW·h),中国东北地区)	哈尔滨

(2) 建筑材料自身生产过程中的碳排放。该部分碳排主要来自含石灰的建筑材料,石灰中含有的 CaO 与水接触形成 CO_2。本书中的含石灰的建筑材料指混凝土、水泥、石膏板。通过统计以上 3 种建筑材料的用量,然后根据已有的研究成果得出每种建筑材料单位体积或质量下的碳排放量(表 4.5),两者相乘即可得出每种建筑材料生产过程中的碳排放量。

表 4.5　建筑材料自身生产过程中的单位碳排放量

建筑材料	材料生产过程中自身排放 CO_2	
	单位	数值
混凝土	kg−CO_2/m³	352.200
水泥	kg−CO_2/t	860.000
石膏板	kg−CO_2/t	213.862

(3) 碳吸收量。在体育馆运营过程中(本书按照 50 年计算),由于建筑所使用的混凝土和水泥(墙体或其他围护结构的表面抹灰)在与空气的接触中会不断碳化,吸收一定的 CO_2。碳化过程由外向内,根据混凝土与水泥所处空气条件的不同,碳化速率也不尽相同。CO_2 的吸收量主要通过以下 4 步计算得到。

① 碳化深度。碳化作用始于材料外表面,然后逐渐向内深入。碳化深度随时间的变化可以用下式来描述。

$$d = k \times t^{0.5} \tag{4.5}$$

式中　k —— 常数,见表 4.6;

　　　t —— 碳化的时间;

d——碳化深度。

　　由于碳化的水泥主要来源于 20 mm 的表面抹灰,在建筑的 50 年运营阶段,通过式(4.5)可得到水泥在 4 年内即可碳化完全,然后内部混凝土开始碳化,因此对于水泥来说 t 为 4 年,对于混凝土来说,t 为 46 年。

表 4.6　水泥及混凝土碳化速率中的常数 k 值

环境条件	水泥及混凝土的强度	
	15 MPa（mm²/a）	23 ～ 35 MPa（mm²/a）
室外直接裸露	5.00	1.50
室内	15.00	6.00

　　② 碳化的混凝土 / 水泥体积。

$$V = \sum (A_{楼板} \times d) + (A_{墙体} \times d) + (A_{地面} \times d) \tag{4.6}$$

式中　　V——碳化的混凝土 / 水泥的体积;

　　　　A——碳化的混凝土 / 水泥的面积;

　　　　d——碳化深度。

　　③ 每平方米水泥或者混凝土 CO_2 的吸收量($X_{吸}$)。

$$X_{吸} = 0.75 \times C \times CaO \times \frac{M_{CO_2}}{M_{CaO}} \tag{4.7}$$

式中　　C——每平方米混凝土或水泥含水泥质量(分别设定为 1 300 kg 和 240 kg);

　　　　CaO——CaO 的平均含量(根据既有参考文献,CaO 的值设定为 65%);

　　　　M——CO_2 和 CaO 的摩尔质量(分别为 44 g/mol 和 56 g/mol)。

　　④ CO_2 总吸收量可通过式(4.6)×式(4.7)得到。

　　(4)全生命周期净碳排放量。最终根据步骤①～③,用总碳排放量减去总碳吸收量即可获得全生命周期的净碳排放量。

4.4.3　实验信息模型建立

1.体育馆基准模型确定及建立

　　为了量化木构造体育馆相比于 RC 体育馆的环境效益,首先需要确定体育馆的基准模型。根据体育馆调研结果,严寒地区体育馆的平面形态以矩形为主,占比达到 55.0%。在 18 个中小型体育馆中,平面形态呈矩形的共有 10 个,占比达到 55.6%[图 4.9(a)]。矩形平面的体育馆相比于椭圆形平面占地面积少，结构较为简单，容易疏散，也有利于内部大空间的多功能利用，因此矩形平面非常适用于中小型体育馆，矩形是其平面的代表性形态。

严寒地区体育馆的观众席布置四面围合型占比最高，达 55.0%；其次为三面围合型，占比达 15.0%。在 18 个中小型体育馆的平面观众席布置上，四面围合型占比达 61.1%，三面围合型占比 16.7%[图 4.9(b)、表 4.7]。在三面围合型体育馆中，一般多在体育馆短边一侧设置舞台。四面围合型中小型体育馆中也会出现短边一侧设置活动坐席的情况，平时可将活动坐席收起，为大众提供更多的体育健身场地，也可为文艺演出、大型展览活动提供舞台空间。

结合以上调研结果，本书在确立体育馆基准模型时主要选取规模为中小型、平面形态呈矩形及观众席为四面围合型的体育馆。体育馆的能耗与平面规模基本呈线性关系，即能耗随着平面规模的增大而增大。另外，由于研究周期所限，本书主要选取位于严寒地区、规模为 3 000 座的某体育馆作为实验基准模型。该体育馆平面呈矩形，观众席呈四面围合型，其中短边一侧的局部为活动坐席，也可在平时兼作舞台空间，功能上具有较大的适应性。总建筑面积为 5 800 m²，外墙面积为 2 401.02 m²，外窗面积为 1 347.78 m²（表 4.8）。结构上采用平面桁架屋盖体系，上部质量由竖向的钢筋混凝土柱子承担，外围护结构采用混凝土。

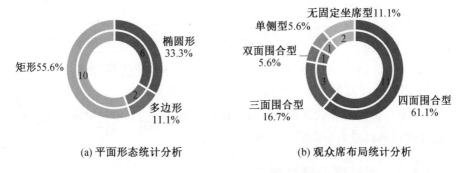

(a) 平面形态统计分析　　　　(b) 观众席布局统计分析

图 4.9　严寒地区中小型体育馆平面形态及观众席布局统计分析

表 4.7　严寒地区中小型体育馆观众席布置统计

观众席布置类型	实例	数量	占比/%
四面围合型	辽化总厂体育馆、哈尔滨工业大学体育馆、东北林业大学体育馆等	11	61.1
三面围合型	大庆体育馆、沈阳大学体育馆、沈阳铁西体育馆	3	16.7
双面围合型	东北大学体育馆	1	5.6
单侧型	牡丹江市铁路体育馆	1	5.6
无固定坐席型	吉林大学南湖体育馆	2	11.1

表 4.8　体育馆模型基本信息

项目	尺寸(数量)	各功能分区名称	面积(尺寸)
总面积	5 800.00 m²	比赛大厅	2 844.13 m²
外墙面积	2 401.02 m²	办公区	947.26 m²
外窗面积	1 347.78 m²	休息区	1 181.95 m²
总高度	17.60 m	卫生间	426.46 m²
层数	3	设备用房	400.20 m²
平面尺寸	50.20 m×58.20 m	比赛场地(不含舞台)	24 m×42 m
体形系数	0.19	—	—

　　为了简化建模及模拟过程,基准模型在实际建模时进行了一定简化,并按照体育馆功能被划分成 5 个分区,包括比赛大厅、办公区、休息区、卫生间及设备用房(图 4.10),其他具体信息见表 4.8。体育馆建筑寿命按照相关规定设定为 50 年,因此其能耗也将计算为 50 年所消耗的总能耗。

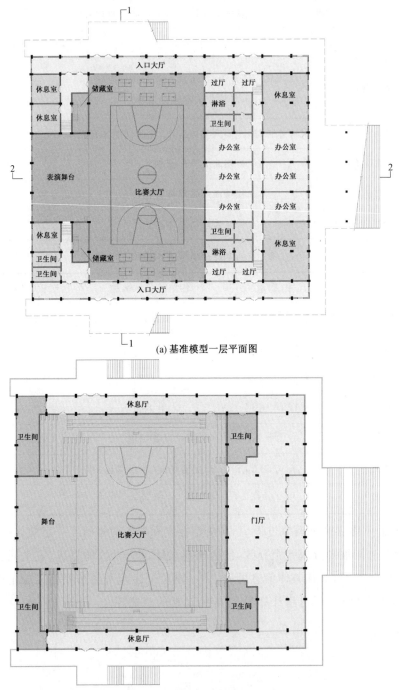

(a) 基准模型一层平面图

(b) 基准模型二层平面图

图 4.10　基准模型平面及剖面图

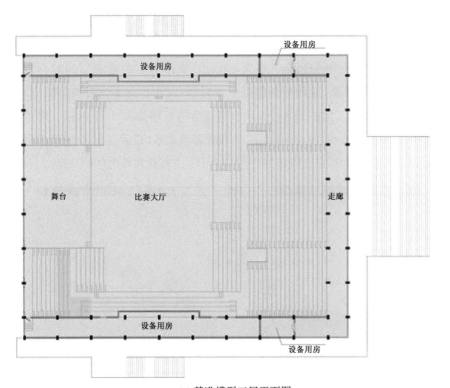

(c) 基准模型三层平面图

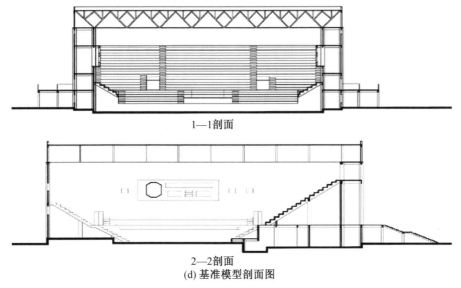

1—1剖面

2—2剖面
(d) 基准模型剖面图

续图 4.10

实验模型既可以通过 Sketch Up 软件建立,通过接口"Identify Room"识别空间后导入 IES－VE,也可以通过 IES－VE 中 Model IT 界面建立。由于第一种方式在接口"Identify Room"识别 SketchUp 已建立的建筑空间时会有个别空间无法识别的现象,导致后期模拟出现问题,因此本书中体育馆基准 3D 模型通过第二种方式建立,在 IES－VE 中建立后的模型如图 4.11 所示。模型建立后在"Building Template Manager"中设置各项参数,最后在 Energy 菜单栏下的"Apache"中进行模拟,完成后结果可在 VistaPro 中查看并导出(图 4.12)。

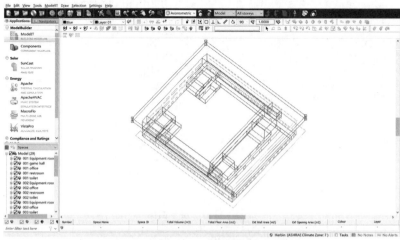

图 4.11　IES－VE 软件中的体育馆模型

图 4.12　Apache 及 VistaPro 窗口

2.环境参数设置

本书选取哈尔滨作为严寒地区代表城市,因此在 IES－VE 软件中选择哈尔滨为模拟地点,并选择 ASHRAE 国际气象数据库中的哈尔滨市气象数据 EPW 文件作为模拟气候条件。借助 Ecotect 中的 Weather Tool 对该 EPW 文件读取并导出平均温度、相对湿度、主导风向、平均风速等气象数据的可视化图像,如图 4.13 所示。

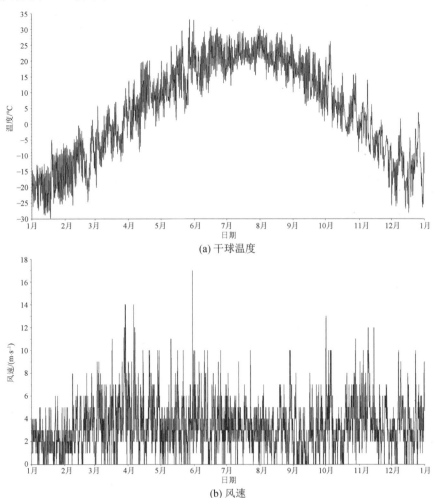

(a) 干球温度

(b) 风速

图 4.13　IES－VE 中哈尔滨全年室外环境情况

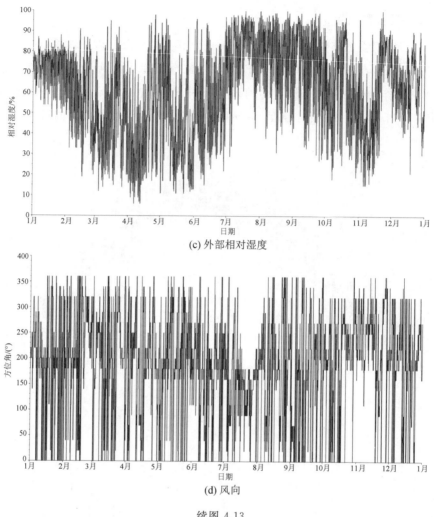

(c) 外部相对湿度

(d) 风向

续图 4.13

3.围护结构设计

体育馆的外围护结构设计需符合哈尔滨所在热工气候分区规定的围护结构节能设计限值,主要包含围护结构的传热系数 K 及热阻 R,其规定见表4.9。依据该规定,对木构造体育馆与 RC 体育馆的外围护构造分别进行设计。由于木构造建筑外围护构造在国内还未形成规范性的做法,因此本书对于木构围护结构的设计主要依据混凝土的构造标准图集及既有文献中的构造做法。

表 4.9　严寒 B 地区公共建筑对外围护结构设计限值的规定

规定 K 值 /$[W \cdot (m^2 \cdot K)^{-1}]$				保温材料层热阻规定 R 值 /$(m^2 \cdot K \cdot W^{-1})$
屋顶	外墙	外窗	外挑楼板	周边地面
$\leqslant 0.28$	$\leqslant 0.38$	$\leqslant 1.3$	$\leqslant 0.38$	$\geqslant 1.1$

（1）外墙。

RC 体育馆的主要外墙材料为混凝土砌块墙,其厚度采用 RC 建筑常用的厚度 200 mm。木墙体主要材料为胶合木板,每层薄木板层一般为 30 mm,且为奇数层,根据既有文献中胶合木结构墙体厚度,本书取150 mm。保温材料选取相同厚度苯板(EPS),并采用内保温。由于木材热阻高于混凝土,相同厚度的保温苯板在混凝土墙体中若达到节能设计限值,则木墙体也一定符合设计要求,因此苯板厚度设计原则为在混凝土外墙中计算达到外墙设计限值的保温层厚度,然后附以木墙体保温层同样的厚度即可。在实际的木墙中,水泥砂浆抹灰与胶合木板之间会铺钉钢丝网片使两者结合紧密,同时防止抹灰开裂,但钢丝网片对墙体总传热系数及热阻影响不大,因此设计构造时并未将其包含在内。最终的混凝土外墙及木构造外墙构造见表 4.10、表 4.11。

表 4.10　混凝土外墙构造设计

构造示意图	构造层次	厚度 /mm	传热系数 /$[W \cdot (m^2 \cdot K)^{-1}]$	总传热系数 /$[W \cdot (m^2 \cdot K)^{-1}]$	总热阻 /$(m^2 \cdot K \cdot W^{-1})$
水泥砂浆外饰面 混凝土砌块墙体 EPS保温层 水泥砂浆抹灰层 双层玻璃窗	水泥砂浆外饰面	20	0.500		
	混凝土砌块墙体	200	1.630	0.378	2.476
	EPS保温层	80	0.035		
	水泥砂浆抹灰层	20	0.720		

表 4.11　木构造外墙构造设计

构造示意图	构造层次	厚度/mm	传热系数/[W·(m²·K)⁻¹]	总传热系数/[W·(m²·K)⁻¹]	总热阻/(m²·K·W⁻¹)
	水泥砂浆外饰面	20	0.500		
	胶合木板	150	0.13	0.272	3.507
	EPS保温层	80	0.035		
	水泥砂浆抹灰层	20	0.720		

（2）屋面。

屋面构造采用正置保温，防水层位于保温层上方，保温层不易进水，适用于气候寒冷的严寒地区。保温层使用 EPS，其厚度设计方式与外墙一致，确定为120 mm。混凝土屋面及木屋面构造设计见表 4.12、表 4.13。

表 4.12　混凝土屋面构造设计

构造示意图	构造层次	厚度/mm	传热系数/[W·(m²·K)⁻¹]	总传热系数/[W·(m²·K)⁻¹]	总热阻/(m²·K·W⁻¹)
	细石混凝土保护层	40	1.73		
	三毡四油防水层	5	0.5		
	1:3水泥砂浆找平层	20	0.17		
	EPS保温层	120	0.035		
	一毡二油隔汽层	1	1	0.244 1	3.957
	1:3水泥砂浆找平层	20	0.17		
	1:3水泥砂浆找坡层	30	0.17		
	陶粒混凝土屋面板	110	2		
	1:3水泥砂浆抹灰层	20	0.72		

表 4.13　木构造屋面构造设计

构造示意图	构造层次	厚度/mm	传热系数/[W·(m²·K)⁻¹]	总传热系数/[W·(m²·K)⁻¹]	总热阻/(m²·K·W⁻¹)
	细石混凝土保护层	40	1.730		
	三毡四油防水层	5	0.500		
	1:3 水泥砂浆找平层	20	0.170		
	EPS 保温层	120	0.035		
	一毡二油隔汽层	1	1.000	0.184	5.287
	1:3 水泥砂浆找平层	20	0.170		
	1:3 水泥砂浆找坡层	30	0.170		
	胶合木屋面板	180	0.130		
	1:3 水泥砂浆抹灰层	20	0.720		

构造示意图标注：细石混凝土保护层、三毡四油防水层、1:3水泥砂浆找平层、EPS保温层、一毡二油隔汽层、1:3水泥砂浆找平层、1:3水泥砂浆找坡层、胶合木屋面板、1:3水泥砂浆抹灰层

（3）地板。

由于地板与大地的热能交换较少,因此地板构造设计不采用保温层,仅做一定的防水处理。具体构造设计信息见表 4.14、表 4.15。

表 4.14　混凝土地板构造设计

构造示意图	构造层次	厚度/mm	传热系数/[W·(m²·K)⁻¹]	总传热系数/[W·(m²·K)⁻¹]	总热阻/(m²·K·W⁻¹)
细石混凝土 混凝土地板 细石混凝土 泡沫聚氨酯 水泥抹灰 沥青防水层 水泥抹灰找平层 蛭石骨料	细石混凝土	40	1.730		
	混凝土地板	100	2.30		
	细石混凝土	45	1.730		
	泡沫聚氨酯	2.5	0.023		
	水泥抹灰	20	0.720	0.738	1.144
	沥青防水层	2.5	0.500		
	水泥抹灰找平层	20	0.720		
	蛭石骨料	150	0.170		

表 4.15　木构造地板构造设计

构造示意图	构造层次	厚度/mm	传热系数/[W·(m²·K)⁻¹]	总传热系数/[W·(m²·K)⁻¹]	总热阻/(m²·K·W⁻¹)
细石混凝土 胶合木地板 细石混凝土 泡沫聚氨酯 水泥抹灰 沥青防水层 水泥抹灰找平层 蛭石骨料	细石混凝土	40	1.730		
	胶合木地板	180	0.130		
	细石混凝土	45	1.730		
	泡沫聚氨酯	2.5	0.023		
	水泥抹灰	20	0.720	0.371	2.485
	沥青防水层	2.5	0.500		
	水泥抹灰找平层	20	0.720		
	蛭石骨料	150	0.170		

（4）外窗。

由于外窗设计并不影响 RC 体育馆与木构造体育馆的外围护构造，因此两者采用一样的双层中空玻璃窗构造,见表 4.16。

表 4.16　外窗构造设计

构造示意图	构造层次	厚度 /mm	传热系数 /[W·(m²·K)⁻¹]	总传热系数 /[W·(m²·K)⁻¹]	总热阻 /(m²·K·W⁻¹)
外窗格(6 mm) 中空(12 mm) 内窗格(6 mm)	外窗格	6	1.060		
	中空	12	—	1.286	1.110
	内窗格	6	1.060		

(5)楼板。

混凝土楼板、木构造楼板的构造设计见表 4.17、表 4.18。

表 4.17　混凝土楼板构造设计

构造层次	厚度 /mm	传热系数 /[W·(m²·K)⁻¹]	总传热系数 /[W·(m²·K)⁻¹]	总热阻 /(m²·K·W⁻¹)
石膏板	12.5	0.210		
空腔	50	—		
水泥砂浆	50	1.150		
混凝土楼板	100	2.000	1.201	0.633
空腔	20	—		
石膏板	12.5	0.210		

表 4.18　木构造楼板构造设计

构造层次	厚度 /mm	传热系数 /[W·(m²·K)⁻¹]	总传热系数 /[W·(m²·K)⁻¹]	总热阻 /(m²·K·W⁻¹)
石膏板	12.5	0.210		
空腔	50	—		
水泥砂浆	50	1.150		
胶合木楼板	150	0.130	0.516	1.736
空腔	20	—		
石膏板	12.5	0.210		

（6）内部隔墙。

内部隔墙构造设计不考虑保温层，只在混凝土墙板及木板两侧设置抹灰或者外饰面层，具体信息见表 4.19、表 4.20。

表 4.19　混凝土隔墙构造

构造层次	厚度 /mm	传热系数 /[W·(m²·K)⁻¹]	总传热系数 /[W·(m²·K)⁻¹]	总热阻 /(m²·K·W⁻¹)
水泥砂浆抹灰	20	0.500		
混凝土墙板	200	0.160	0.629	1.330
水泥砂浆抹灰	20	0.500		

表 4.20　木隔墙构造

构造层次	厚度 /mm	传热系数 /[W·(m²·K)⁻¹]	总传热系数 /[W·(m²·K)⁻¹]	总热阻 /(m²·K·W⁻¹)
石膏板	12.5	0.210		
空腔	50	—		
胶合木板	150	0.130	0.528	1.633
空腔	50	—		
石膏板	12.5	0.210		

4.采暖与制冷参数设计

在总的运行模式设定上，假定体育馆运行时间为每周二、周四、周六，运行时间为 9:00～17:00。采暖时期为 10 月 15 日至次年 4 月 15 日，制冷时期为 6

月 1 日至 8 月 31 日,其他时间段空调系统关闭。体育馆按照规定设置空气调节装置,对采暖与制冷温湿度的规定见表 4.21。

在采暖温度设置中,根据体育馆模型分成的 5 大分区,依据规范分别设计相应的温度,如比赛大厅在运营时采暖温度为 18 ℃,办公区、休息区及卫生间的采暖温度为 20 ℃,设备用房为 10 ℃;在制冷温度设置中,除设备用房不制冷外,其他房间制冷温度均设定为 26 ℃(表 4.22)。

表 4.21　体育馆各功能房间对温湿度的设计要求

体育馆	夏季		冬季	
房间类型	温度 /℃	相对湿度 /%	温度 /℃	相对湿度 /%
比赛大厅	26 ～ 28	55 ～ 65	16 ～ 18	≥ 30
运动员休息区	25 ～ 27		20	
裁判员休息区	24 ～ 26		20	
医务室	26 ～ 28		20	
练习房	23 ～ 25	—	16	
检录处	25 ～ 27		20	
观众休息室	26 ～ 28		16	
库房 / 空调制冷机房	—		10	

表 4.22　体育馆室内热环境条件参数设置

功能分区	运营时间	取暖时间	采暖温度 /℃	制冷时间	制冷温度 /℃
比赛大厅			18 (运营时)	温度 > 26 (运营时)	26
办公区	周二、周四、周六	10 月 15 日	20	6 月 1 日 ～	26
休息区	09:00 ～ 17:00	至次年	20	8 月 31 日	26
卫生间		4 月 15 日	20		26
设备用房			10	—	—

5.通风条件设计

在通风设计上,共包含自然通风、机械通风、渗透通风 3 种情况。其中渗透通风主要来自建筑外围护中的缝隙,造成室内外空气交换,在严寒地区的冬季,冷风渗透会使得室内热量损失,导致采暖能耗增加。《体育建筑设计规范》(JGJ 31—2003)中目前只对比赛大厅的气流速度及最小新风量做出了明确规定,见表4.23。

表 4.23　比赛大厅通风设计参数规定

体育馆房间类型	夏季 气流速度 /(m·s⁻¹)	冬季 气流速度 /(m·s⁻¹)	最小新风量 /[(m³·(h·人)⁻¹]
比赛大厅	≤ 0.5	≤ 0.5	15 ~ 20

所有区域均有渗透通风且 24 h 不间断,每小时空气更换次数为 0.25 ach;办公区及休息区有外窗,因此主要依靠自然通风换气,设定为在建筑运营时间内房间温度处于 18 ~ 26 ℃ 时开窗通风。比赛大厅及卫生间主要依靠机械通风,比赛大厅通风量为 20 m³/(h·人),卫生间每小时空气更换次数为3 ach(表4.24)。

表 4.24　通风参数设置

功能分区	渗透通风设置	自然通风设置	自然通风时间	机械通风设置
比赛大厅		—		20 m³/(h·人) (运营时)
办公区	0.25 ach/h 24 h	1 ach/h	当房间温度处于 18 ~ 26 ℃ 时 且 $T_{室内} > T_{室外}$	—
休息区		3 ach/h		—
卫生间		—		3 ach/h(运营时)
设备用房		—		—

6.照明、电气设备及生活热水参数设计

(1) 照明设计。

各功能空间的照度规定见表 4.25。依据该规定在 IES － VE 的"Internal Gain"一栏分别对比赛大厅、办公区、休息区、设备用房、卫生间 5 个分区分别设置最大照度及各功能空间的照明功率密度(表4.25、表4.26)。然后针对照明开关时间进行设定,见表4.27、图4.14(a)。

表 4.25　体育馆各功能空间对照度的规定

类别	参考平面及其高度	照度标准值 /lx		
		底	中	高
办公区、会议室、贵宾室、接待室等	0.75 m 水平面	75	100	150
计算机房、广播机房等	控制台面	100	150	200
观众休息厅　开敞式	桌面	30	50	75
观众休息厅　房间	桌面	50	75	100
走道、楼梯间、浴室、卫生间	地面	20	75	100
器材库	地面	15	20	30

表 4.26　各功能空间的照明功率密度

照明功率密度 /(W·m^{-2})	比赛大厅	办公区	休息区	设备用房	卫生间
	28.125	5.625	5.625	1.125	3.750

表 4.27　照明开关时间　　　　　　　　　　单位：%

时间 /h	1	2	3	4	5	6	7	8	9	10	11	12
运营时	0	0	0	0	0	0	10	50	95	95	95	80
非运营时	0	0	0	0	0	0	0	0	0	0	0	0
时间 /h	13	14	15	16	17	18	19	20	21	22	23	24
运营时	80	95	95	95	95	30	30	0	0	0	0	0
非运营时	0	0	0	0	0	0	0	0	0	0	0	0

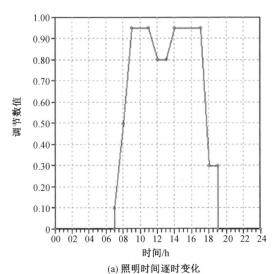

(a) 照明时间逐时变化

图 4.14　IES－VE 中关于照明、电器设备及人员的逐时变化情况

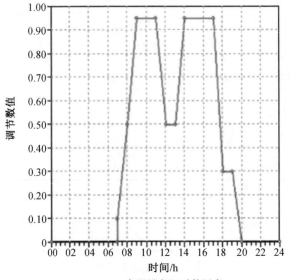

(b) 电器设备逐时使用率

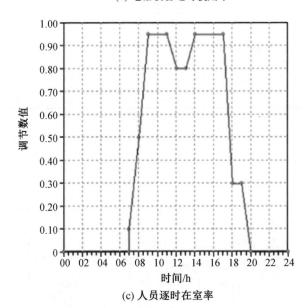

(c) 人员逐时在室率

续图 4.14

（2）电器设备。

在本书研究的体育馆模型中，只有办公区、设备用房具有电器设备，其功率密度见表 4.28，电器设备逐时使用率见表 4.29、图 4.14(b)。

表 4.28　各功能空间的电器设备功率密度

	比赛大厅	办公区	休息区	设备用房	卫生间
照明功率密度 /(W・m⁻²)	—	13	—	13	—

表 4.29　电器设备逐时使用率　　　　　　单位：%

时间 /h	1	2	3	4	5	6	7	8	9	10	11	12
运营时	0	0	0	0	0	0	10	50	95	95	95	50
非运营时	0	0	0	0	0	0	0	0	0	0	0	0
时间 /h	13	14	15	16	17	18	19	20	21	22	23	24
运营时	50	95	95	95	95	30	30	0	0	0	0	0
非运营时	0	0	0	0	0	0	0	0	0	0	0	0

（3）生活热水。

在本书研究的体育馆模型中只在卫生间提供生活热水,其标准设定为每人每天 1.5 L。工作日时比赛大厅人员总数按 3 000 人计算,办公区按 5 人、设备区人员按 2 人计算。人员逐时在室率如图 4.14(c)所示。

4.5　室内环境效益结果分析

4.5.1　能耗结果输出与对比

1.结果输出

在温湿度等条件相同的情况下,根据前文的模拟实验,最终得出的能耗模拟结果见表 4.30、图 4.15。结果包含木构造体育馆与 RC 体育馆的各项能耗对比,其中通风与采暖、制冷过程息息相关,因此在本书的能耗输出结果中通风能耗包含在采暖与制冷分项内,并不单独列出。由于 IES－VE 模拟实验需要设置大量参数,不同参数的影响可能会造成一定程度上的误差。因此,为了对本次模拟结果进行结果验证,本书总结了既有文献研究中对大型公共建筑的能源使用强度 EUI 的研究结果,见表 4.31。将本书能耗模拟的结果与既有研究结果对比发现,即使模拟环境与获取结果的方式不尽相同,但是总体来讲本书模拟结果仍处于较为合理的区间内,因此结果具有较强的说服力与准确性。

表 4.30　木构造体育馆与 RC 体育馆的各项能耗结果

建筑 类型	能耗 /(MJ·m⁻²)						EUI /[(kW·h)· (m²·a)⁻¹]	REC
	采暖	制冷	照明	设备	生活热水	总计		
RC 体育馆	20 627.87	5 163.77	3 258.05	7 585.71	2 362.24	38 997.64	216.65	8.68%
木构造 体育馆	17 089.68	5 316.28	3 258.05	7 585.71	2 362.24	35 611.97	197.84	

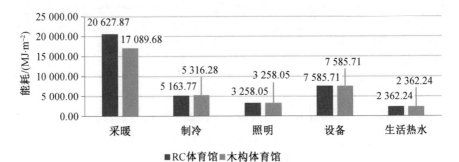

图 4.15　能耗结果

表 4.31　关于能耗模拟的既有研究成果

年份 / 年	作者	地区	建筑类型	EUI /[(kW·h)·(m²·a)⁻¹]
2019	Yu Dong 等人	哈尔滨	办公建筑	RC 体育馆：201.59 木构造建筑：194.73
2017	Ma Hongting 等人	华北地区	办公建筑、医院、学校	678.11、711.52、 371.77
2017	Guo Haibo 等人	中国 31 个城市	住宅建筑	RC 体育馆：平均 45.22 木构造建筑：平均 32.33
2016	Liu Ying 等人	哈尔滨	住宅建筑	RC 体育馆：93.89 木构造建筑：64.22
2010	Jiang M.P. Tovey K	北京、上海	商业建筑	622.80、475.20

2.对比分析

从分项看,两类体育馆的照明、设备及生活热水能耗基本相同,只有制冷与采暖的能耗有较大差异。其中,木构造体育馆在冬季的采暖能耗明显下降,这说明采用木围护结构的体育馆其保温性明显好于 RC 体育馆;在夏季木构造体育馆的制冷能耗略高于 RC 体育馆,这说明木构造体育馆在夏季有过热的现象。尽管夏季存在过热现象,但从全年的总能耗看,木构造体育馆仍存在明显的节能效益,节能率大约为 9%。因此,相同的能耗条件下木构造体育馆相比于 RC 体育馆,可以为室内提供更舒适的热环境,并且尤其适用于采暖时间长、能耗消耗大的严寒地区。就室内保温性来讲,木构造体育馆在温湿度条件相同的情况下室内热物理环境更好。

4.5.2　室内温度结果输出与对比

1.结果输出

在严寒地区,冬季严寒的气候特点使得建筑需要一定的保暖措施。同时,随着全球变暖的趋势,既有建筑在夏季的内部过热现象也越来越被重视。夏季与冬季两种较为极端的气温会极大影响建筑内部温度波动(夏季指 6～8 月,冬季指 12 月至次年 2 月)。因此本节通过 IES－VE 模拟在不使用外部技术调节温度的情况下,两种体育馆内部比赛大厅在不同时间的温度波动情况,以研究木构造体育馆的内部热环境效益。夏季与冬季 3 个月的温度波动数据较多(图4.16、图 4.17),图表中的数据混杂在一起,不便分析,且考虑到夏季与冬季木构

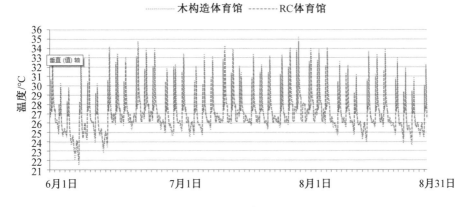

图 4.16　6～8 月比赛大厅温度变化

造体育馆与 RC 体育馆温度波动趋势在单位时间内大致相似,因此选择夏季中最热月 7 月及冬季最冷月 1 月的结果单独展示,作为分析结果的参考依据。7 月与次年 1 月的温度波动结果如图 4.18、图 4.19 所示。

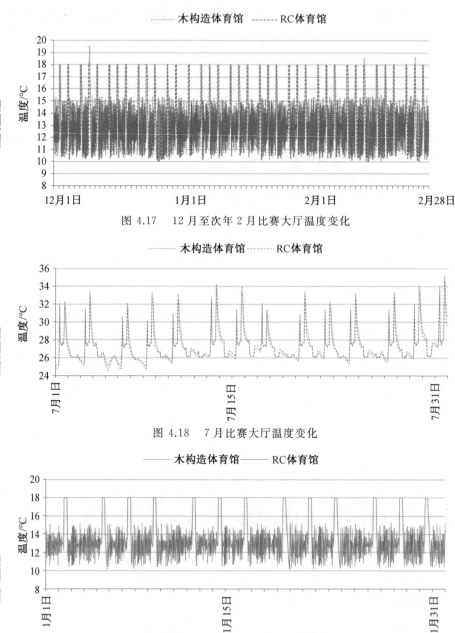

图 4.17　12 月至次年 2 月比赛大厅温度变化

图 4.18　7 月比赛大厅温度变化

图 4.19　1 月比赛大厅温度变化

2.对比分析

在夏季,在空调开始运营后室内温度下降,在运营过程中木构造体育馆的温度略高于 RC 体育馆;运营结束后,木构造体育馆相比 RC 体育馆温度下降相对缓慢,室内温度较高,而且木构造体育馆的最高温度相比于 RC 体育馆也更高。这与前文从能耗角度得出的过热结论相一致。这意味着在夏季的极端天气中,木构造体育馆比 RC 体育馆更易出现过热现象。

在冬季(1 月),运营时段内木构造体育馆与 RC 体育馆升温情况类似,但在运营时间结束后,木构造体育馆由于良好的保温性能使得其室内温度缓慢降低,高于 RC 体育馆。整体来看,木构造体育馆可在寒冷的冬季呈现出更为舒适的室内环境,印证了木构造体育馆冬季更节能的结论。

从以上分析可以看出木构造体育馆在严寒地区较长的冬季气候下有着良好的适应性,同时木构造体育馆在夏季更易过热问题也应得到重视,因此在木构造体育馆前期的设计时应在保证冬季热舒适的基础上,注意改善夏季易过热情况,为锻炼人员提供更加舒适的热环境。

4.6　　大气环境效益结果分析

温室气体的排放主要由碳排放量与碳吸收量决定,两者相减的差值为建筑全生命周期的 CO_2 净排放量。

4.6.1　　碳排放量结果

1.能源消耗转换成的碳排放

在建造阶段中,RC 体育馆与木构造体育馆的建筑材料用量清单见表 4.32,依据表 4.33 中各种材料的单位能耗,可计算出材料的总生产能耗,加上 4.4.2 节大气环境效益中的运输及建造能耗,即可得建造阶段总能耗。运营阶段的能耗采用 4.5.1 节的模拟结果。拆除阶段的能耗见 4.4.2 节大气环境效益。因此,RC 体育馆与木构造体育馆各自的全生命周期能耗见表 4.33。

根据能耗转碳排放量公式,建造与拆除阶段所有能耗来自电力,故能耗按照式(4.3)计算;运营阶段中采暖能耗按照式(4.4)计算。各阶段能源消耗量见表 4.33,其对应的碳排放量见表 4.34。

表 4.32　RC 体育馆与木构造体育馆建筑材料用量清单

材料	RC 体育馆材料		木构造体育馆材料	
	体积 /m³	质量 /t	体积 /m³	质量 /t
混凝土	3 715.08	4 380.53	861.08	1 463.84
砂子	584.96	4 787.84	420.09	672.14
水泥	194.99	253.48	140.03	182.04
钢材	44.85	349.85	17.33	135.20
EPS 保温板	752.64	18.82	752.64	18.82
石膏板	109.92	76.94	126.50	88.55
木材	—	—	3 186.43	1 593.21

表 4.33　全生命周期能耗结果

建筑类型	能耗 /(MJ·m⁻²)			
	建造阶段	运营阶段	拆除阶段	总计
RC 体育馆	2 388.80	38 997.64	90.00	41 476.44
木构造体育馆	1 262.47	35 611.97	18.00	36 892.44

表 4.34　能源消耗转换成的碳排放量

建筑类型	碳排放量 /(kg·m⁻²)		
	建造阶段	运营阶段	拆除阶段
RC 体育馆	756.454	7 844.126	28.500
木构造体育馆	399.784	7 544.737	5.700

2.建筑材料生产直接排放的 CO_2

由于混凝土、水泥、石膏板含有石灰,在生产中石灰与水结合会直接释放 CO_2 进入大气环境,这部分的碳排放量等于材料用量乘以单位材料碳排放量,材料用量见表 4.32,材料单位碳排放量见表 4.35,3 种材料自身生产过程中的碳排放量见表 4.35,将其计入建造阶段可得全生命周期的碳排放量(表 4.36)。

表 4.35   建筑材料自身生产过程中的单位碳排放量

建筑材料	混凝土 /(kg·m⁻²)	水泥 /(kg·m⁻²)	石膏板 /(kg·m⁻²)	总计 /(kg·m⁻²)
RC 体育馆	583.51	37.585	2.837	623.927
木构造体育馆	52.288	26.992	3.265	82.545

表 4.36   全生命周期的碳排放量

建筑类型	碳排放量 /(kg·m⁻²)			
	建造阶段	运营阶段	拆除阶段	总计
RC 体育馆	1 380.381	7 844.126	28.500	9 253.007
木构造体育馆	482.328	7 544.737	5.700	8 032.765

4.6.2   碳吸收量结果

木构造体育馆与 RC 体育馆碳化的面积见表 4.37,根据 4.4.2 节提到的 4 个步骤即可计算得到混凝土与水泥碳化所吸收的 CO_2。尽管在运营阶段的碳吸收量相比于碳排放量较少,但是混凝土与水泥的碳化是一个客观存在的过程,因此本书计算时依旧将其包含在内。

另外,木材在材料阶段具有吸收碳的能力,随着建筑拆除,一部分木材由于体积小或者受到损坏无法重复利用,因此这部分木材固定的碳被用于产生生物质能,又重新排入大气环境。本书木材的回收率被设定为 60%,木材最终吸收的 CO_2 见表 4.38。

表 4.37   混凝土和水泥碳化面积   单位:m²

位置	暴露条件	混凝土		水泥	
		RC 体育馆	木构造体育馆	RC 体育馆	木构造体育馆
A 板	室内	15 945.45	—	—	—
A 屋顶	室内	3 612.00	—	903.00	903.00
A 墙外表面	室外	2 401.02	—	600.26	600.26
A 墙内表面	室内	9 189.59	—	2 297.40	2 297.40
A 梁柱	—	4 780.02	—	1 195.01	1 195.01
A 地面	室内	2 817.50	2 817.50	—	—

表 4.38　混凝土与水泥碳化结果

建筑类型	碳吸收量 /(kg・m⁻²)		
	木材	混凝土	水泥
RC 体育馆	—	24.34	8.37
木构造体育馆	263.70	1.86	8.37

4.6.3　碳排放结果输出与对比

根据上述各部分的碳排放与碳吸收结果,用总的碳排放量减去碳吸收量即可最终得出 RC 体育馆与木构造体育馆各自的全生命周期成本结果(表4.39)。由此可以看出木构造体育馆在全生命周期可减少 15.85% 的温室气体排放,具有显著的大气环境效益,有助于节能减排。

表 4.39　全生命周期成本结果

建筑类型	净碳排放量 /(kg・m⁻²)	木构造体育馆节碳量 /(kg・m⁻²)	木构造体育馆节碳率
RC 体育馆	9 220.30	1 461.46	15.85%
木构造体育馆	7 758.84		

4.7　本章小结

本章以体育馆建筑类型为例,将体育馆环境效益按照层级分成两类——室内热环境效益与大气环境效益。为了使木构造中小型体育馆的环境效益有一个可参照的评价标准,评价环境效益时采用对比木构造体育馆与 RC 体育馆的方式。首先针对室内环境效益提出了能耗、室内温度波动两种评价指标,针对大气环境效益提出了温室气体排放量的评价指标。由于碳排放量的计算也需要建立在能耗的基础上,因此本章构建了一个模拟实验。依据木构造体育馆建筑建构技术理论,选取了典型的体育馆基准模型,并对相应的气候条件、运营参数等进行了设定。最终通过对能耗模拟结果、室内温度结果的对比与分析发现,就室内热环境来说,木构造体育馆运营阶段的节能率相比于 RC 体育馆可达 9％ 左右,木构造体育馆在全年看能为使用者提供更舒适的环境,但夏季容易出现过热现象;就大气环境而言,木构造体育馆具有明显的节碳效应,相比于 RC 体育馆其节碳率可达到 15.85％。综上所述,木构造体育馆在严寒地区具有良好的环境效益,同时也存在着夏季易过热的问题。

本章参考文献

[1] 张垚,牛建刚,金国辉. 建筑保温材料节能性能及经济厚度优化研究[J]. 建筑科学,2017,33(10):149-156.

[2] 刘丽萍. 现代木构建筑的可拆解性研究[D]. 哈尔滨:哈尔滨工业大学,2018.

[3] 刘雁,周定国. 国外木结构建筑的抗震性能研究[J]. 世界林业研究,2005,18(2):66-69.

[4] LI J H, RISMANCHI B, NGO T. Feasibility study to estimate the environmental benefits of utilising timber to construct high-rise buildings in Australia[J]. Building and environment, 2019, 147: 108-120.

[5] HAFNER A, SCHÄFER S. Comparative LCA study of different timber and mineral buildings and calculation method for substitution factors on building level[J]. Journal of cleaner production, 2017, 167: 630-642.

[6] CHINIFORUSH A A, AKBARNEZHAD A, VALIPOUR H, et al. Energy implications of using steel-timber composite (STC) elements in buildings[J]. Energy and buildings, 2018, 176: 203-215.

[7] THOMAS D, DING G. Comparing the performance of brick and timber in residential buildings—The case of Australia[J]. Energy and buildings, 2018, 159: 136-147.

[8] LIU Y, GUO H B, SUN C, et al. Assessing cross laminated timber (CLT) as an alternative material for mid-rise residential buildings in cold regions in China—A life-cycle assessment approach[J]. Sustainability, 2016, 8(10): 1047.

[9] ASSEFA G, GLAUMANN M, MALMQVIST T, et al. Quality versus

impact：Comparing the environmental efficiency of building properties using the EcoEffect tool[J]. Building and environment，2010，45(5)：1095-1103.

[10] 李介鹏. 基于模拟能耗分析的寒地现代木结构建筑形态模式研究[D]. 长春：吉林建筑大学，2018.

[11] 胡家航，姬晓迪，代倩，等. 基于生命周期评价的井干式木结构建筑环境影响研究[J]. 林业工程学报，2017，2(6)：133-138.

[12] 李恬，余磊，李桓宇. 基于能耗与能效分析的气膜结构节能设计研究——以天津响螺湾体育馆为例[C]. 珠海：第十四届国际绿色建筑与建筑节能大会暨新技术与产品博览会，2018.

[13] 赵洋. 基于低能耗目标的严寒地区体育馆建筑设计研究[D]. 哈尔滨：哈尔滨工业大学，2014.

[14] 相贝，刘曙光. 严寒地区体育馆建筑能耗模拟及分析[J]. 山西建筑，2016，42(2)：197-199.

[15] 李小芳. 体育馆建筑屋顶的节能策略研究[D]. 重庆：重庆大学，2014.

[16] 刘畅. 基于建筑能耗模拟的严寒地区体育馆形体设计研究[D]. 哈尔滨：哈尔滨工业大学，2013.

[17] JIANG M K, MEDLYN B E, DRAKE J E, et al. The fate of carbon in a mature forest under carbon dioxide enrichment[J]. Nature，2020，580(7802)：227-231.

[18] AHMED S, AROCHO I. Analysis of cost comparison and effects of change orders during construction：Study of a mass timber and a concrete building project[J]. Journal of building engineering，2021，33：101856.

[19] BANO F, SEHGAL V. Finding the gaps and methodology of passive features of building envelope optimization and its requirement for office buildings in India[J]. Thermal science and engineering progress，2019，9：66-93.

[20] 陈华，涂光备，陈红兵. 建筑能耗模拟的研究和进展[J]. 洁净与空调技术，2003(3)：5-9.

[21] SOWELL E F C S, HITTLE D C C S. Evolution of building energy

simulation methodology，United States，1995［C］. Atlanta，United States：American Society of Heating，Refrigerating and Air-Conditioning Engineers，1995.

［22］GUO H B，LIU Y，MENG Y P，et al. A comparison of the energy saving and carbon reduction performance between reinforced concrete and cross-laminated timber structures in residential buildings in the severe cold region of China［J］. Sustainability，2017，9(8)：1426.

［23］周晓霞，宋子岭. 两种混凝土的生命周期评价［J］. 环境工程，2009，27(S1)：472-475.

［24］QUINTANA A，ALBA J，REY R D，et al. Comparative life cycle assessment of gypsum plasterboard and a new kind of bio-based epoxy composite containing different natural fibers［J］. Journal of cleaner production，2018，185：408-420.

［25］睿，王洪涛，张浩，等. 中国水泥生产工艺的生命周期对比分析及建议［J］. 环境科学学报，2010，30(11)：2361-2368.

［26］王腊芳，张莉沙. 钢铁生产过程环境影响的全生命周期评价［J］. 中国人口·资源与环境，2012，22(S2)：239-244.

［27］张孝存. 绿色建筑结构体系碳排放计量方法与对比研究［D］. 哈尔滨：哈尔滨工业大学，2014.

［28］DHAKAL S. Urban energy use and carbon emissions from cities in China and policy implications［J］. Energy policy，2009，37(11)：4208-4219.

［29］SONG R，ZHU J，HOU P，et al. Getting every ton of emissions right：An analysis of emission factors for purchased electricity in China［R］. Washington，DC，USA：World Resources Institute，2013.

［30］PADE C，GUIMARAES M. The CO_2 uptake of concrete in a 100 year perspective［J］. Cement and concrete research，2007，37(9)：1348-1356.

［31］LAGERBLAD B. Carbon dioxide uptake during concrete life cycle - State of the art［J］. CBI rapporter，2005(2)：1-47.

［32］王超，张伶伶，张民意，等. 基于数据库分析的北方大中型体育馆形体空间要素能耗关联度研究［J］. 华中建筑，2019，37(6)：26-32.

［33］中华人民共和国住房和城乡建设部,中华人民共和国国家质量监督检验检疫总局.公共建筑节能设计标准:GB 50189—2015［S］.北京：中国建筑工业出版社,2015.

［34］中华人民共和国建设部,国家体育总局.体育建筑设计规范:JGJ 31—2003［S］.北京：中国建筑工业出版社,2004.

第5章 严寒地区木构造公共建筑社会效益

5.1 健康效益

健康效益主要指的是建筑在运营过程中对社会整体健康水平的影响,木构造公共建筑的健康效益主要包含整体身体素质、个体综合素质两方面。

5.1.1 整体身体素质

《体育强国建设纲要》指出,到 2035 年经常参加体育锻炼人数比例达到 45% 以上,这样的强身战略目标需要数量巨大的健身场地来做保障。2019 年,我国人均体育场地面积为 2.08 m^2;2023 年,我国人均场地面积达 2.89 m^2,提前实现并超过了《体育强国建设钢要》中 2035 年达到 2.5 m^2 的目标,但相比于一些发达国家,仍有较大的提升空间。RC 体育馆建设周期较木构造体育馆长,无法短时间内快速满足居民日益增长的健身需求,而木构造体育馆可借助预制化、装配式的特点工业化生产,能够在更多时间内建成并覆盖周围社区居民,作为全民健身馆或者社区活动中心为居民服务,进而从整体上提高居民身体素质。

5.1.2 个体素质

木构造体育馆构件在工厂预制化完成后,后期可不再另外装修,减少对室内外环境的二次污染。木建筑同时也有一定调节空气温湿度的作用,研究证明木材运用于建筑时具有优良的微环境调节作用,对人的生理和心理都有正面效益,这在高频率使用的全民健身馆类的体育馆中有着重要作用,更加有利于人的身心健康,提高个体身体素质。

5.2　灾害安全效益

灾害安全效益主要指建筑在应对自然或者人为灾害时保持整体安全性的能力,木构造的灾害安全效益主要包含地震灾害安全效益、火灾安全效益两方面。

5.2.1　地震灾害安全效益

木建筑具有优异的抗震特点。首先,木结构力学性能优良,密度小,遭遇地震时产生的结构内力较小,在地震灾害中稳定性更高。其次,木构造建筑节点在地震作用下可以轻微错位与移动,消耗部分地震能量,小震不坏、中震可修、大震不倒,提高整体结构安全性。因此木构造建筑在地震频发的国家与地区应用广泛。

在地震中对人类造成最大危害的是建筑物倒塌,因此保证地震时建筑物主体结构不坍塌对灾害安全性非常重要。由于体育馆具有较大空间,一般会被设计成应急避难场所,因此其抗震性更为重要。木构造体育馆的建筑结构自重轻,抗震性能优良,可减少地震对人的危害性。另外,木构造体育馆的预制化有利于紧急救援地区快速建造相应的避难收容场所,内部隔墙也可根据实际避难需要进行拆除或加建,灵活性较好。

5.2.2　火灾安全效益

很多人对于木构造建筑仍然停留在易燃的印象,但是近几年的研究在不断颠覆人们的传统认知。例如,有研究表明胶合木和钢梁在 550 ℃ 燃烧条件下,15 min 之后木材强度逐渐保持平稳,稳定在原强度的 70%,而钢梁随着时间的推移其强度不断下降(图 5.1)。这是由于木材燃烧中会出现碳化层,碳化层将减缓木材的燃烧速率,在木结构设计时将木结构的碳化层考虑到结构尺寸中,保证碳化层内部的木结构尺寸能够提供在耐火极限时长内的力学强度,即可为木结构的防火性能提供保障。对木构造建筑进行合理防火,可以进一步提高木构造建筑火灾安全效益。

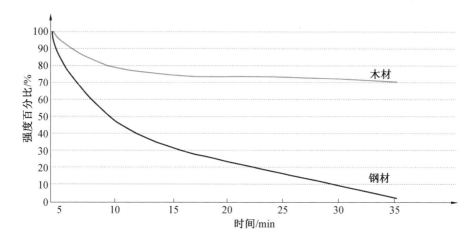

图 5.1　　燃烧的木材和钢材强度对比

5.3　可持续效益

可持续效益主要是指木构造建筑在全生命周期内,通过减少对自然环境的危害来提升其发展的可持续性,主要包含精简木构件节点、可拆卸节点设计、标准化构件设计。

5.3.1　精简木构件节点

木构造体育馆结构与各主体结构组成复杂,其节点也非常复杂,在面向可回收的节点设计中,应尽量满足简洁的原则,即在满足受力合理、运输条件及安装标准的基础上,尽量对木构件节点进行简化,同时对于相似的节点尽量设计为标准化节点,减少节点数量及种类,从而减少拆除阶段中拆卸木构件节点的工作量。

5.3.2　可拆卸节点设计

方便可拆卸的节点对于木构造体育馆的拆除至关重要。不可拆卸的节点,如胶黏、焊接等在拆除时会采用机械设备等手段强行拆解,对木构件造成一定的破坏,不利于回收。可拆卸的节点主要指紧固件具备可拆卸重装的特点。木构造体育馆常见的可拆卸节点主要为螺栓、钉等金属节点(图 5.2),其缺陷是木构件上会形成孔洞,对其强度等性能会造成一定影响,在后续回收利用时需要进行处理。

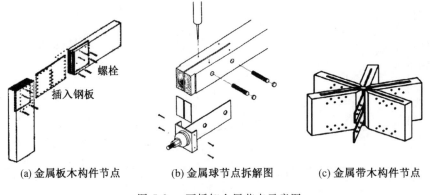

　　(a) 金属板木构件节点　　　　(b) 金属球节点拆解图　　　(c) 金属带木构件节点

图 5.2　　可拆卸金属节点示意图

5.3.3　标准化构件设计

　　体育馆的木构件在前期进行设计时应对尺寸可以统一的构件进行标准化设计,并且针对不同标准构件进行编号,这样不仅方便装配式安装,而且在后期拆除再利用时可根据编号分类回收,然后在新的木构造体育馆或其他建筑类型中进行批量循环利用,减少再回收时的工作量。个性化设计的木构件在回收时因其数量较少,回收时可适用的建筑部位范围也会随之减少,容易造成木材的废弃。另外,批量设计的木构件其尺寸应为以后回收留出富余量,因为再回收利用可能会进行切割、打磨等再加工,木构件尺寸若偏小,适用范围小,也会增加木材的废弃量。

5.4　本章小结

　　本章从健康效益、灾害安全效益及可持续效益 3 方面,对木构造公共建筑的社会效益进行分析。从整体身体素质、个体综合素质两方面对其健康效益进行总结。从地震灾害安全效益、火灾安全效益两方面对其灾害安全效益进行总结。在拆除阶段木建筑回收费时费力的问题上,提出精简木构件节点、可拆卸节点设计及标准化构件设计 3 个方面的策略。

本章参考文献

[1] 郭德坤.装配式建筑的方案及造价分析[D].郑州：郑州大学，2017.

[2] 李国，孙庆祝.新世纪以来我国体育场地发展变化的实证研究 —— 基于第
　　5 次与第 6 次全国体育场地普查数据的统计分析[J].西安体育学院学报，
　　2016,33(2):164-171.

[3] 刘一星，于海鹏，赵荣军.木质环境学[M].北京：科学出版社，2007.

[4] 于海鹏，刘一星，陈文帅.木质建材与微环境设计[M].北京：化学工业出版
　　社，2009.

[5] 程海江.轻型木结构房屋抗震性能研究[D].上海：同济大学，2007.

[6] 刘雁，周定国.国外木结构建筑的抗震性能研究[J].世界林业研究，
　　2005(2):66-69.

[7] 徐洪澎，吴健梅.现代木构造建筑设计基础[M].北京：中国建筑工业出版
　　社，2019

[8] 山泉.基于 3R 理念的木建筑节材优化策略研究[D].哈尔滨：哈尔滨工业大
　　学，2015.

第6章 严寒地区木构造公共建筑综合效益低碳化发展策略

本章在前文客观分析木构造公共建筑优势的基础上,对其环境效益、社会效益与经济效益的主要劣势进行分析,找到造成劣势的原因,并据此提出有针对性的优化策略。通过定性及定量的综合效益研究结果,确定木构造公共建筑综合效益的优势与劣势,然后针对劣势部分提出适用于严寒地区的优化设计策略,进一步优化木构造公共建筑的综合效益,促进其在严寒地区的发展及应用。

6.1 木构造公共建筑综合效益优势与劣势分析

6.1.1 环境效益优势与劣势

1.环境效益优势

木构造公共建筑的能源使用强度(EUI)低于 RC 公共建筑,相对能量消耗(REC)为 8.68%,这表明木构造公共建筑在相同的室内环境条件下相比 RC 公共建筑耗能更少,更加节能。在碳排放量方面,木构造公共建筑可减少碳排放量15.85%,说明木构造公共建筑对大气环境更加友好,符合国内外节能减排趋势。

2.环境效益劣势

在室内温度波动方面,夏季木构造公共建筑室内大空间温度的波峰会高于 RC 公共建筑,这意味着如果夏季有极端温度的出现,木构造公共建筑相比于 RC 公共建筑更易出现室内过热情况。夏季制冷能耗也可印证这一点,木构造公共建筑保温性能高于 RC 公共建筑,在夏季会出现温度较高的情况,导致其制冷能耗高于 RC 公共建筑。但从全年的角度来讲,由于严寒地区的冬季取暖节省能源要大于夏季制冷多出的能耗,因此木构造公共建筑整体仍有着节能减碳的优势,其环境效益仍好于 RC 公共建筑。

从以上分析可以看出,在优化木构造公共建筑的环境效益时,应着重通过设计策略来改善其在夏季的易过热问题,如自然通风利用高效化、遮阳形式应变多样化及外围护结构调节适应化(图 6.1)。具体的策略实施将在 6.2 节详细介绍。

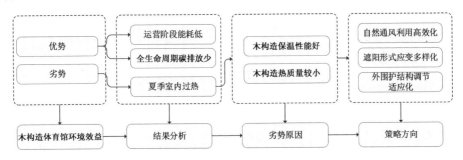

图 6.1　　环境效益评价及劣势项优化设计流程

6.1.2　社会效益优势与劣势

1.社会效益优势

就社会经济效益来看,木构造体育馆在设计阶段(创新性效益、工业化效益、社会示范效益)、建造阶段(社会环境协调性效益、施工高质量效益)、运营阶段(健康效益、灾害安全效益)、拆除阶段(社会环境质量)均有较积极的表现。

2.社会效益劣势

就拆除阶段来讲,由于木构造体育馆在拆除回收时主要采用人工为主、机械为辅的方式,拆卸精细程度要求较高,且需要对类型不同及回收程度不同的木构件进行分类,导致其人工成本及时间成本较高,使得木构造体育馆相较于RC 体育馆在人工与时间效益上处于劣势。

因此在优化木构造公共建筑的社会效益时应注重通过设计手段提高其在回收时的效率,减少人工及时间成本。本书的设计策略主要包含使其可以整体回收的功能空间模块化、木构件易拆解化及拆除回收程序化(图 6.2)。具体的策略实施将在 6.3 节详细介绍。

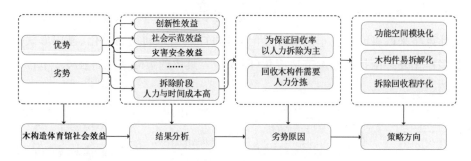

图 6.2　社会效益评价及劣势项优化设计流程

6.1.3　经济效益优势与劣势

1.经济效益优势

木构造体育馆经济效益的优势表现于运营阶段中的运营成本,由于木构造建筑在全年内能够节省能耗约 9%,其对应的煤炭消耗费用及电费一年可节省 0.84 元 /m²,整栋建筑一年可节省 4 885.97 元,节省率为 0.63%,降低了体育馆的运营经济压力。

2.经济效益劣势

经济效益的劣势主要体现在两方面,首先是建造阶段的木材成本较高,导致其整个建筑建造成本远高于 RC 体育馆,而降低木材的成本需要整个建筑行业的不断发展才能实现,其优化不在本书研究范围,因此本书并不对该劣势进行相应的优化设计策略研究。其次是木结构的定期维护较为复杂。木构件在严寒地区恶劣的天气下更容易因为冰坝及热桥现象遭受损害,使得维护、更换花费高。因此需要在建筑设计方面提高木构件的气候适应性,减少冰坝及热桥现象,提高木构造体育馆的耐久性,降低木构件损坏程度及概率。可采用的设计策略主要包括围护结构适候性优化及气密性效能提升两个方面(图 6.3)。

适候性优化旨在通过合理的材料选择与构造设计,使体育馆的围护结构能够根据不同季节的气候特点,有效调节室内环境,既保证了运动员与观众的舒适度,又降低了能耗。通过采用高性能的保温隔热材料、设置可调节的遮阳系统及利用自然通风等手段,可以维持良好的室内热环境。气密性效能提升是为了确保体育馆内部空气环境的稳定与清洁。通过精细的构造处理与密封技术的应用,可以有效防止外部污染物的侵入,同时减少室内热量损失。这不仅有助于维持室内适宜的温度与湿度,还提升了建筑的能效,减少了运行成本。具体的策略实施将在 6.4 节详细介绍。

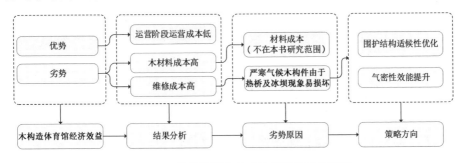

图 6.3　经济效益评价及劣势项优化设计流程

6.2　环境效益劣势项优化低碳设计策略

木构造公共建筑室内夏季过热问题可通过建筑设计手段与构造设计手段进行优化,建筑设计手段主要包括通过促进室内自然通风带走热量及夏季通过遮阳设计减少夏季室外太阳辐射;构造设计手段主要指从外墙及屋面入手提高外围护结构的热质量。因此,下面分别从自然通风高效化利用、遮阳形式应变多样化及外围护结构调节适应化 3 个方面进行环境效益优化设计对策的阐述。

6.2.1　自然通风利用高效化

1.自然通风原理

自然通风可以快速带走室内热量,改善热环境,且可以带来新鲜空气,有利于人的生理与心理健康。自然通风主要包含 3 种形式:风压通风、热压通风、混合通风。

风压通风就是利用建筑的迎风面(正压力)和背风面(负压力)之间的压力差实现空气的流通(图 6.4)。

在垂直方向上,热空气密度小,会上升,原来位置空气变得稀薄,外部空气进入建筑内部,填补下部的空间,形成空气流,即热压通风,也被称为烟囱效应(图 6.5)。

混合通风由风压通风和热压通风同时作用形成(图 6.6)。两种作用有时相互加强,有时相互抵消,但并不呈线性关系。

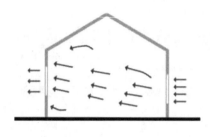

图 6.4　风压通风

图 6.5　热压通风

图 6.6　混合通风

2. 自然通风设计

(1) 侧开窗形式与平面布置相结合。

由于公共建筑内部主要使用四周辅助空间,侧面开窗多为高侧窗,而体育馆内部空间高度一般在 15 m 以上,高侧窗通风不利于比赛大厅锻炼人群所在高度(1.5～2 m)通风。因此体育馆侧开窗形式应结合平面布置考虑。

在木构造公共建筑(体育馆)设计中,坐席设置可分为四面看台、三面看台、双面看台及单面看台。其中,四面看台的平面是最为封闭的空间,不易形成自然通风,因此可主要通过天窗形成热压通风,同时利用看台架空及观众疏散通道形成风压通风图[6.7(a)]。当内部三面有看台时,可使未布置看台的一侧设置通风面积较大的窗户,朝向地区常年主导风向,形成通风入口,并利用对侧看台下部架空及疏散通道形成通风出口[图 6.7(b)]。双面看台未布置看台的两面迎向主导风向,以此形成穿堂风[图 6.7(c)]。单侧看台时设计侧窗最为灵活,可根据严寒地区具体夏季主导风向进行设计[图 6.7(d)]。另外,由于严寒地区冷风渗透严重,在设置侧窗时也应考虑冬季保温要求。

（2）利用天窗形成烟囱效应。

体育馆比赛大厅高度较高,为烟囱效应提供了条件。为了加强内部垂直方向上的通风强度,可利用拔高的天窗增加热压通风强度。另外,木构造体育馆屋顶在中间截断然后垂直相错,形成横向或纵向下沉式天窗,既形成了体育馆第五立面的美学,也为体育馆通风形成天然路径,隈研吾设计的某大学体育馆即采用了横向下沉式天窗(图 6.8)。

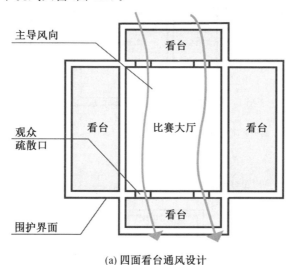

(a) 四面看台通风设计

图 6.7　侧开窗通风与平面布置结合设计

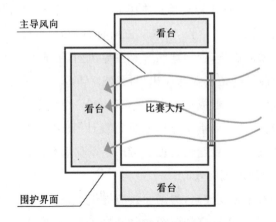

(b) 三面看台通风设计

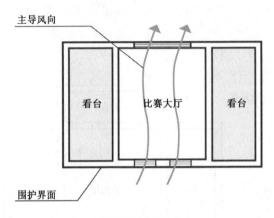

(c) 双面看台通风设计

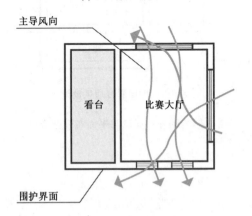

(d) 单侧看台通风设计

续图 6.7

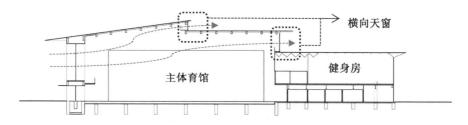

图 6.8　某大学体育馆横向下沉式天窗

　　当开启天窗形成的烟囱效应也无法完全改善体育馆室内通风情况时，可采用机械式通风辅助的形式。同时也需控制天窗开启面积，在夏季自然通风与冬季屋顶保温之间取得良好的平衡。

　　综上，严寒地区木构造体育馆在夏季防止过热的同时也需兼顾冬季的防风保暖问题，使得环境效益最优化。

　　本书提出的自然通风设计策略主要是针对温度等热环境方面的优化，且对不同种类的木构造体育馆有着较高的普适性；但是在对风环境有特殊要求的羽毛球、乒乓球比赛体育场馆，则需要结合风环境模拟等方式进一步提出自然通风优化设计策略，这是在未来研究中需要完善的部分。

6.2.2　遮阳形式应变多样化

1.遮阳设计原理

　　严寒地区建筑设计主要从冬季的保温角度入手，一般不考虑夏季遮阳防热。但是由于全球温室效应，严寒地区夏季温度逐渐升高，夏季室内热环境不舒适的主要原因是太阳辐射经由窗户或外围护结构传入室内造成室内温度升高，尤其是木构造体育馆的夏季过热现象相对于 RC 体育馆更加严重，因此可在外围护结构内外两侧设置一定的遮阳构件或装置进行调节，减少太阳辐射，缓解过热问题。同时遮阳构件还可与立面造型相结合，丰富木构造公共建筑造型。另外，夏季遮阳构件的设计需把冬季正常的太阳辐射考虑在内，这两者的耦合设计需要进一步研究，本书则只讨论缓解夏季过热的遮阳设计部分。

2.固定遮阳板遮阳

　　固定遮阳板遮阳是指通过在建筑窗口采用水平式或垂直式等构件阻挡太阳光进入室内，根据建筑朝向的不同需要选择相应的遮阳形式（图 6.9）。在南向,由于在冬季南向是重要的采光及吸收热辐射的朝向,而夏季南向也是导致室内过热的重要因素之一,而水平式遮阳可根据夏至日与冬至日的太阳高度角对遮阳构件的尺寸进行设计(图 6.10),确保夏季可遮阳,冬季可采光。在北向,光主要从侧面进入窗口,因此采用垂直式遮阳效率最高。在东西向,东晒与西晒对室内热环境影响十分严重,采用水平与垂直结合的综合式遮阳较为有利。

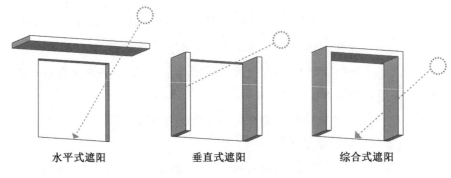

水平式遮阳　　　　　　垂直式遮阳　　　　　　综合式遮阳

图 6.9　　遮阳基本形式

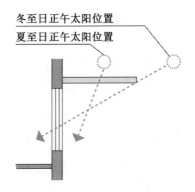

图 6.10　　水平遮阳构件尺寸设计

3.可拆卸木构件遮阳

可拆卸木构件遮阳是指利用可活动的构件对建筑进行遮阳,其特点是可根据外部环境对遮阳构件进行调整,在严寒地区可兼顾夏季遮阳与冬季采光,具有较高的环境适应性。常用的方式有遮阳百叶、遮阳幕布等方式。遮阳百叶能够根据太阳角度调节百叶角度,对进入室内的热量进行控制(图 6.11)。

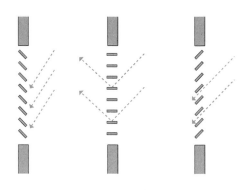

图 6.11 活动百叶遮阳原理

　　除此之外,由于木构件密度小、质量轻,所以非常适用于做木构造建筑外部可移动遮阳构件。例如,在建筑屋檐处额外增加遮阳,增加阴影区(图 6.12);在开窗处借助金属节点等可拆卸构件进行木构件遮阳板设计,防止夏季太阳辐射通过窗户进入室内(图 6.13)。公共建筑体量较大,屋面面积也较大,经由屋面传入室内的热量也不容忽视,因此在夏季时屋顶也可采用一定量的活动遮阳板,进入冬季后可组织拆卸,使其更加具有针对严寒地区的适应性。

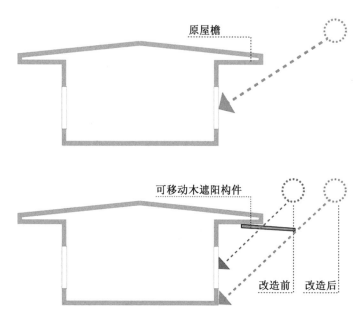

图 6.12 可拆卸木遮阳挑檐

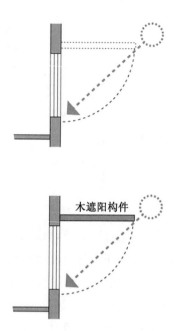

图 6.13 可拆卸木构件遮阳板

4.大悬挑自遮阳

建筑自遮阳是指通过建筑自身的体块关系及构件形成阴影,以减少建筑接收的太阳辐射量。例如,爱达荷州大学信用联盟中心体育馆(简称 ICCU 体育馆)利用出挑的屋檐对建筑主体的开窗形成遮挡(图 6.14),同时采用入口凹进的方式形成主入口的灰空间,为学生的活动区域提供遮阳,创造了较为舒适的

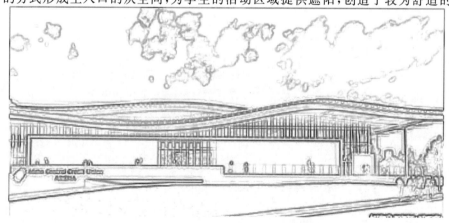

图 6.14 ICCU 体育馆出挑屋檐遮阳

体育馆室内环境(图 6.15)。木构造体育馆相比 RC 体育馆可实现更深远、更轻盈的大悬挑空间,为建筑自遮阳提供天然基础(图 6.16、图 6.17);同时大悬挑屋檐下部对应空间可利用临时木隔墙分隔,形成紧急情况下的建筑空间,为建筑提供更多可能性。

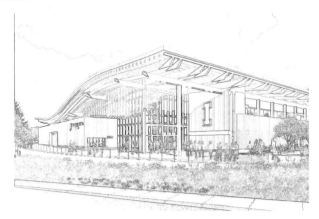

图 6.15　ICCU 体育馆入口凹进遮阳

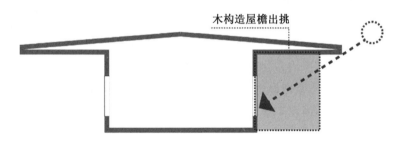

图 6.16　木构造体育馆屋檐悬挑示意

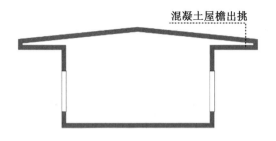

图 6.17　RC 体育馆屋檐悬挑示意

6.2.3　外围护结构调节适应化

木构造建筑导致过热现象最根本的原因在于其保温性能好而其热质量小，无法储存大量热量，室内温度更易随着夏季外部气温升高而不断升高。因此从构造设计上调节木墙体热质量使之适应夏季气候是改善室内过热的重要途径。例如，相变材料可有效调节木外围护结构的热质量，因此下面将以相变外围护结构设计为例进行外围护结构调节适应化的详细阐述。

1.相变外围护原理

相变材料（PCM）加入墙板中作为建筑围护结构的一部分已成为一种趋势。相变材料是指在相变时放出或吸收大量热，以达到加热或降温作用的物质，即遇热融化吸热，遇冷凝固放热，有助于调节墙体对室内温度变化的影响，减少墙体传热，主要包含石蜡、人造有机材料和金属盐等。

将相变材料运用于外围护结构可以利用相变材料吸热与放热的过程来储存能量，起到良好的保温隔热作用。另外，相变材料还可提高外围护结构的热质量，从而减少室外温度变化对室内热环境的影响，使温度波动幅度降低。在夏季炎热的环境条件下，采用木框架及 50 mm 厚的轻质 EPS 保温板形成墙体的主体结构，内外墙面用 1.2 mm 厚木层板，外墙面刷白色外墙涂料的相变轻质墙体具有明显的控制室内温度升高的作用。由于相变木墙体与木屋面的构造既有研究成果较少，因此本书中的相变外围护构造主要基于已有的相变墙体构造进行设计。

2.相变外墙体构造设计

相变外墙构造主要包含以下两种。

第一种相变材料位于墙体内部，如 Amirreza Fateh 等人首先建立了一个三明治结构的木墙体，从内到外依次为 20 mm 木板、100 mm 的保温层、20 mm 的木板，然后将 5 mm 的 PCM 板分别放置于保温层的 5 等分处（图 6.18），研究这 5 种情况下墙体的传热动态模型。与之类似，相变材料位于墙体内部的构造做法如图 6.19 所示。图 6.20 则是利用木墙板内部孔洞填充相变材料的做法。

第二种构造为相变材料位于墙体表面，例如将相变材料掺入抹灰砂浆，然后涂抹于墙体内表面。图 6.21 表示将相变材料与木墙板结合形成相变墙板，再与保温层结合，形成内外侧双层相变墙板。

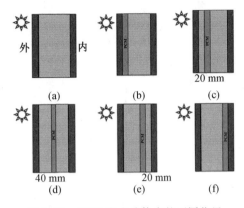

图 6.18　PCM 在木墙体中的不同位置

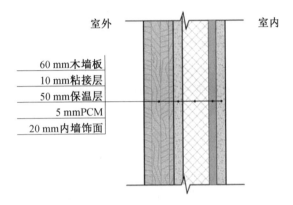

图 6.19　相变材料位于墙体内部

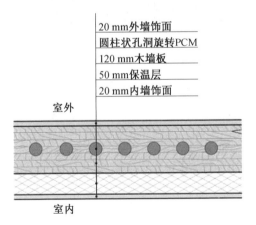

图 6.20　墙体内部孔洞填充相变材料

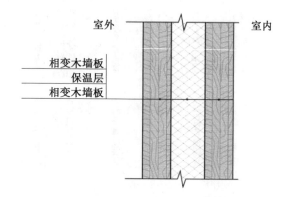

图 6.21　内外侧双层相变墙板

3.相变屋面构造设计

相变屋面构造的差别主要在于 PCM 位置的不同。PCM 可位于偏室内一侧［屋面板下方,图 6.22(a)］,或者偏室外一侧［屋面板上方,图 6.22(b)］。参照目前 PCM 放置于有圆柱孔的混凝土屋面中的构造做法,若木屋面板受力合理,该做法也有一定可行性(图 6.23)。另外,也可采用双层 PCM 结合进一步提高相变外围护结构热环境的调节能力(图 6.24)。

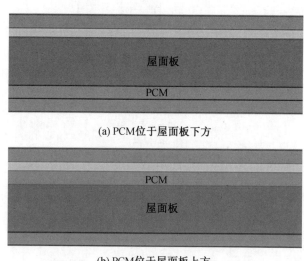

(a) PCM位于屋面板下方

(b) PCM位于屋面板上方

图 6.22　PCM 位置

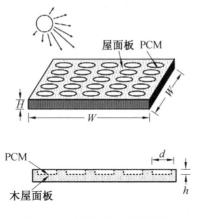

图 6.23　PCM 位于屋面板层

| 细石混凝土或绿豆砂 |
| 防水层 |
| 混凝土屋面板 |
| 保温层 |
| 高温相变材料层 |
| 低温相变材料层 |
| 水泥砂浆 |

图 6.24　双层 PCM 屋面构造

6.3　社会效益劣势项优化低碳设计策略

优化社会效益劣势应针对回收阶段时间及人力成本较高的问题,提出回收效率优化设计策略。

从木构造体育馆整体来看,不同功能空间若实现整体模块化回收,而无须精细化拆卸再回收,将大大提高回收效率。对于体育馆这种大空间,混凝土可以做到"一维"及"二维"的模块化,但想做到建筑整体空间模块化,其过重的质量将导致运输及施工较为困难。而对于木构造来讲,由于质量较轻,整体模块化可快速、安全进行。因此木构造体育馆具有整体模块化的条件。

从局部精细化回收角度看,木构造体育馆提高回收效率主要有两种方式:一种是对整体建筑前期设计时进行便捷的可拆解设计,为后期回收提供基础;另一种是制定木构造体育馆的拆除回收流程与方法,提高效率。

因此本节将针对功能空间模块化、木构件易拆解化、拆除回收程序化3个方面提出社会效益优化策略。

6.3.1　功能空间模块化

在建筑领域,整体模块化设计是指利用建造装配化及空间单元化,对建筑空间进行层级划分并组合,并针对不同层级模块对应的构件及构造进行设计,最后实现整体建筑工业化生产与建造。

1.木构造中小型体育馆空间模块化设计基础

(1) 现有木建筑已有的模块化经验。

木建筑相比RC建筑质量轻、易运输,且易装配化建造。目前已有研究阐述了木建筑装配化与模块化设计的方法。例如,郭夏斌在定向刨花板(OSB)和废旧木材的基础上,以严寒地区为研究环境,提出具有气候适应性的木建筑模块设计,并在住宅、展览、办公建筑中进行了适应性研究。刘艾琳利用装配式木建筑实例建造过程,验证了相关的结构、连接构造及模数设计理论,并提出设计优化策略。徐苗借由开放建筑理论研究木建筑的装配式建造环节和使用感受。这些经验都为木构造体育馆的装配式与模块化设计奠定了理论与实践基础。

(2) 中小型体育馆建筑固定的功能空间。

体育馆的主要功能包括比赛大厅、观众席、附属用房、卫生间及设备用房等,功能组成较为固定,且根据体育馆规模其功能也有固定的面积配比。这样便于同类型的功能空间归纳成同一类的建筑模块。不同类型的功能空间对应不同类的模块,然后通过一定的交通流线将其组织成整体。

2.空间模块分类

木构造模块化体育馆中的模块可分为4种不同的类型,即基本模块、附属模块、辅助模块和适应模块。

基本模块是每个建筑类型中基本的、不可重复的功能组成的模块。在木构造体育馆中,由于比赛大厅及其包含的比赛场地是体育馆的核心功能空间,因此比赛大厅即对应基本模块。

附属模块是为体育馆比赛及运动空间提供服务空间的模块,主要指卫生间、淋浴更衣室、办公区及设备用房等。值得关注的是,中小型体育馆承接体育赛事等级相对较低,且举办频率低,竞技设施要求相对也较低,大部分时间均当作全民健身馆为周围居民提供健身空间,或者举办文艺演出、展览等活动,因此对于观众坐席的需求低,可大量采用较为灵活的活动座椅,必要的固定坐席可通过坐席结构与木构件的预制化与模块化实现,因此坐席空间也属于附属模块。

辅助模块主要起联系其他各类模块的作用。木构造体育馆的辅助模块主要包含门厅、楼梯间、连廊等交通空间。

适应模块是指根据周围模块的实际连接需求可以临时改变的模块,所以最为灵活,并无固定功能对应,可能是连廊、过厅等交通空间,也可能是仓库等附属用房,其目的是为未来整体化回收木构模块时提供更大的兼容性。

各个模块对应的体育馆功能见表 6.1。

表 6.1　不同模块对应的体育馆功能

空间模块类型	对应体育馆功能空间	空间类型	层高要求
基本模块	比赛大厅	大跨度、大空间	＞8 m
附属模块	卫生间、淋浴更衣室、办公区、设备用房等	小跨度、小空间	3.6～6 m
辅助模块	门厅、楼梯、连廊	小跨度、小空间	—
适应模块	无固定功能对应	小跨度、小空间	—

3.空间模块模数确定

(1)基本模块。

根据木构造体育馆模块化的设计理念,整体结构应保持柱距一致、荷载一致,并保持 3 m 模数。因此结合来看,木构造体育馆可选择大跨度建筑常用的经济柱距 7.2 m、8.4 m、9 m,该柱距也可以满足公路运输,使木构造体育馆模块化更加具有实际操作性。

基本模块是木构造体育馆的核心模块,其模数与内部功能尺寸息息相关。

鉴于体育馆在平时可有多种功能,因此其功能尺寸需要兼顾竞技比赛要求及全民健身需求。图6.25展示了3种多功能比赛场地设计尺寸。结合上述柱距要求,提出适合木构造体育馆基本模块的尺寸见表6.2。

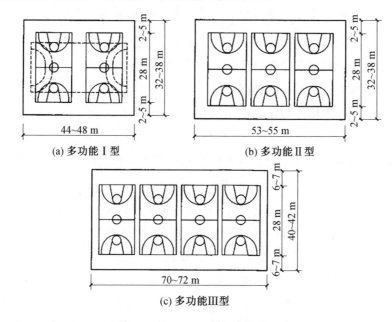

图 6.25　多功能比赛场地设计尺寸

表 6.2　木构造体育馆基本模块尺寸

基本模块规模	尺寸/m	包含的体育场地数量/块	
		篮球场	羽毛球场
小型	24×36	1	4
中型 Ⅰ	36×45	2	8
中型 Ⅱ	36×54	3	12
大型	42×72	4	16

(2)其他模块。

其他模块的空间多为小跨度、小空间,因此在上述基本模块模数及柱跨的基础上,以3 m为模数对其进行分解,将各自模块也分解成更小的模块单元,再进行整体布局,有助于增加整个建筑的组合灵活性及逻辑性。其中较为特殊的为看台空间及看台下方空间的模块化。考虑到视线设计,坐席需要阶梯式升高。其模块化也应考虑到视线设计及下方空间层高的影响。另外,坐席相关的模块设计可尽量采用活动坐席,以保证比赛大厅空间的完整性与规则性,减少适应模块,为之后回收利用提供更高的兼容性。

4.空间模块组合关系

（1）平面组合。

不同模块之间的组合主要依据基本模块,其作为核心空间,周围为辅助模块、附属模块及适应模块。体育馆坐席平面组合关系主要包括四面围合型、三面围合型、双面围合型及单侧型(图 6.26)。在这几种组合形式中,辅助模块中活动座椅的模块设计与设置较为灵活,而固定座椅在设置时应尽量与基本模块匹配形成规则的模块,减少复杂形态及特殊尺寸,提高模块回收利用的适用范围。

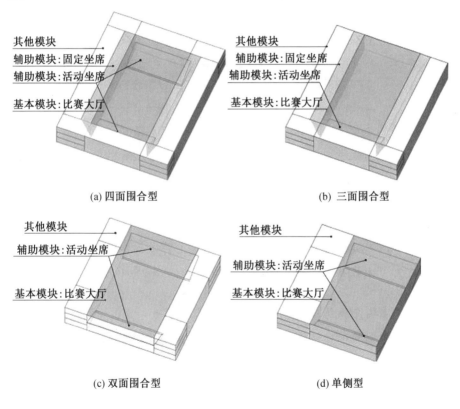

(a) 四面围合型　　　　　　　　(b) 三面围合型

(c) 双面围合型　　　　　　　　(d) 单侧型

图 6.26　平面组合形式

（2）剖面组合。

剖面组合主要应考虑竖向交通之间的组织情况。在有固定坐席的体育馆中，坐席下部的三角区域无法利用的即可通过适应模块进行一定程度的连接。辅助模块作为水平及竖向联系附属模块和辅助模块的空间，由此形成功能混合式布置的剖面组合关系[图 6.27(a)]。另外，规模较小的体育馆中可考虑取消固定坐席而只设置活动坐席，提高空间利用的灵活性，内部空间的模块设计也更加规则，从而减少适应模块的利用[图 6.27(b)]。

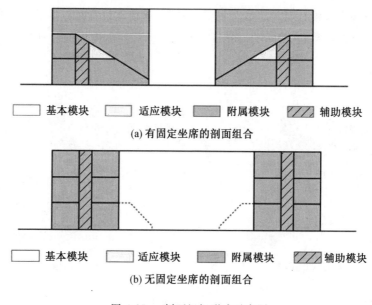

（a）有固定坐席的剖面组合

（b）无固定坐席的剖面组合

图 6.27　剖面组织形式示意图

6.3.2　木构件易拆解化

1.精简木构件节点

木构造体育馆的建筑构造与主体架构的组合较为繁复，其节点的设计更是错综复杂。为了实现节点可循环利用的设计过程，应秉持简约化的设计理念，即在保障结构受力合理、契合运输要求及安装规范的基础之上，力求对木构件的节点构造进行精简优化。同时，针对构造相近或功能相同的节点，应积极推动其标准化设计，以缩减节点的数量及类型，从而在拆除作业阶段减轻对木构件节点拆解的工作负担。

2.可拆卸节点设计

在木构造体育馆的拆除作业中,便于拆卸的节点设计尤为重要。需借助机械设备进行强制拆解的不可逆性节点,在拆除过程中往往会对木构件造成一定程度的损害,进而妨碍其回收利用。相较于不可逆性节点,可拆卸节点主要依赖具备重新安装能力的紧固组件,其典型代表为螺栓与钉子等金属连接件。尽管这些金属节点在木构件上留下的孔洞会影响其结构强度等物理性能,且在后续的回收利用过程中需予以妥善处理,但它们仍是木构造体育馆中常见的、具备拆卸便利性的节点类型。

3.标准化构件设计

在体育馆木构件的前期设计阶段,需要对可统一尺寸的构件实施标准化设计策略,并为这些标准化构件分配唯一的编号,以便后续的装配式施工。这不仅简化了安装流程,而且在后续的拆除与再利用阶段,可实现通过编号系统进行分类回收,能够高效地将这些构件重新整合,并批量应用于新的木构造体育馆或其他建筑类型中,从而减轻再回收阶段的工作负担。相比之下,个性化设计的木构件因数量有限,其可适用的建筑部位范围相对狭窄,增加了木材被废弃的风险。此外,在批量设计木构件时,应预留足够的尺寸余量以应对未来可能的回收再加工需求。若木构件尺寸偏小,不仅会限制其适用范围,还可能因无法满足再加工要求而增加木材的废弃量。

6.3.3　拆除回收程序化

尽管木构造体育馆拆卸被称为安装的反向过程,但是拆除回收时需要更为复杂的程序。若要提高回收效率就需要遵循一定的回收程序与方法。

1.拆除流程设计

拆卸次序应遵循由内至外、由上至下的原则,先对建筑内部的家具、门窗等进行回收,为后续大尺寸构件移动至室外提供便捷的通道,同时防止拆除过程中对家具、门窗的永久性损坏;然后从建筑上方开始,针对木屋架系统,先由人工分解成几个较大的体量后,使用机械设备送至地面,各个体量再由人工进行更细致的拆卸、分拣;最后对木建筑主体结构按照传力方向进行拆除回收,先拆除非承重部分如隔墙、地板等,然后在保证安全的情况下,拆解承重结构。

2.回收木构件分类

木构造体育馆在拆除阶段并不是所有的木构件都适合直接再利用,根据木材可回收程度的不同,可将其大致分成3类:稍微处理即可再利用、经过加工再利用及木废料回收再利用(图6.28)。在拆除中人工可根据相应的标准对木构件进行第一次分类,然后再根据标准化构件设计中的编号进行二次分拣,为后续重复利用木构件提供坚实的材料基础。

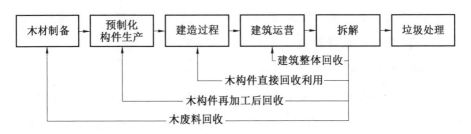

图 6.28　木构造体育馆木构件回收分类

6.4　经济效益劣势项优化低碳设计策略

热桥与冰坝现象是严寒地区导致木构造建筑损坏的重要原因,其导致木构造建筑维护成本比 RC 建筑高,经济效益比 RC 建筑低。

(1)在热桥方面。木构造体育馆建筑的热桥相较于钢筋混凝土建筑已经减少许多,但在结构节点上一般仍采用金属连接,容易形成热桥,造成内墙结露、发霉、滴水甚至结冰,也会造成节点周围的木构件发霉、损坏,影响木构造体育馆建筑的耐久性。

(2)在冰坝方面。严寒地区冬天寒冷,若屋顶保温及气密性不好,室内热量散失使楼板温度升高,积雪就可能融化。但房檐处温度仍较低,当融化后的雪水流至温度较低的房檐时,会很快结成冰,时间稍长就会逐渐形成冰坝(图6.29、图6.30)。屋顶上融化的雪水会很快经过屋面渗透进室内,造成屋顶木结构和保温棉的腐烂、发霉,甚至造成室内天花板和墙壁的油漆剥落及墙体腐烂。

在严寒地区,供暖房间与室外极低气温之间的热传导更易产生以上现象,因此防止冷凝、热桥至关重要。对外围护构造采取适当的保温措施,使所有的部位具有相同的保温性能,优化其适候性,可减少热桥与冰坝现象。另外,增强外围护结构的气密性可减少室内与外界的渗漏点,也可缓解热桥与冰坝问题。因此,本节主要从围护结构适候性优化及气密性效能提升两方面改善木构造建筑的维护成本,优化其经济效益。

图 6.29　冰坝现象

图 6.30　冰坝形成原理

6.4.1　围护结构适候性优化

1.屋面

屋面及外露的木构件应有厚度足够、分布均匀的保温层以减少局部温度降低形成热桥。常见减少热桥的做法是在外墙及屋面外侧做保温层,使建筑外围护构造都处于保温层的包裹之下,减少局部温度过低现象。但由于体育馆建筑空间大,且严寒地区冬季室外温度较低,若间歇性使用时有快速升温及降温的功能需求,则一般采用内保温。为同时满足严寒地区体育馆功能需求与减少热桥,可以采用"组合保温"的构造方式,即木构屋面板内外侧均做保温处理,使建筑既能保证快速制冷与取暖效果,又可减少冷凝(图 6.31)。

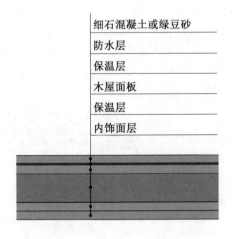

图 6.31　屋面组合保温构造

2.外墙

　　除上述与屋面相似的采用组合保温的外墙构造外,还有木骨架保温外墙。它是以木材作为骨架的组合围护结构方式,图 6.32 所示为木骨架墙体保温构造。木骨架与保温层结合形成保温主体,两者之间的空隙可用发泡剂填充,这样墙体不易形成温度较低的部位,也不易在室内墙表面形成冷凝。另外,需在中间层两侧各设一层塑料布作为防潮层,增加墙体的密闭性与防水性,进一步

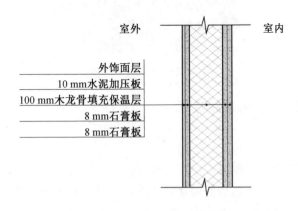

图 6.32　木骨架墙体保温构造

提高木墙体的耐久性与气候适应性。

3.其他部位

除了屋面密闭性不好导致屋面温度升高、积雪融化会形成冰坝之外,屋面挑檐温度过低也是形成冰坝的原因,因此对挑檐、窗台加强保温可有效减少冰坝现象。另外,孔洞与外墙或者屋面的交界处也易出现热桥冷凝现象,可在交界处采用保温隔热材料填充,减少热桥。

6.4.2　气密性效能提升

建筑气密性的薄弱处极易对该部位的木构件造成不利影响,气密性效能的提升将降低木构件损坏概率,从而降低木构造建筑的维护成本,提高其经济效益。

1.门窗

门窗与墙体交界处的缝隙极易影响木构造体育馆整体的气密性,因此要对交界处进行处理。可选择有弹性的材料先对缝隙填嵌,然后采用密封胶条对交界处进一步密封。而图 6.33 主要采用内侧的防水隔气膜和外侧的防水透气膜防止缝隙出现漏气或者漏水现象。

2.局部孔洞处

良好的建筑气密性需要保证整个建筑都处于密闭状态,因此对于排气孔等局部孔洞处应着重进行气密性的处理。例如对孔洞与墙体的交界处先用防水密封胶封堵缝隙,再在内表面采用防水隔气膜进行 L 型密封[图 6.34(a)],对于孔洞与屋面的交界处则先采用 U 字形的防水隔气膜[图 6.34(b)]。

3.其他部位

其他围护结构部位的气密性提高基本也要遵守"难进易出"的原则,例如在墙体内侧设置隔气层,尽量减少室内温暖的空气存在渗入围护结构内部的途径,减少冷凝点。同时在墙体外侧设置孔隙率较大的材料,使得进入围护结构的水蒸气能够快速排出。

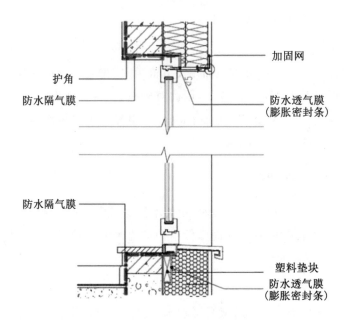

图 6.33　门窗密闭性设计

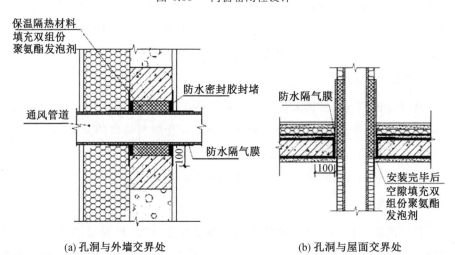

(a) 孔洞与外墙交界处　　　　　(b) 孔洞与屋面交界处

图 6.34　局部空洞密闭性设计

6.5   本章小结

本章从环境效益劣势项优化、社会效益劣势项优化、经济效益劣势项优化3个方面提出低碳化设计策略。在分析木构造公共建筑综合效益结果的基础上,明确木构造公共建筑综合效益的优势与劣势,并针对综合效益的劣势方面提出相应的优化设计策略,促进严寒地区木构造公共建筑的应用及发展。

本章参考文献

[1] 李百战,庄春龙,邓安仲,等.相变墙体与夜间通风改善轻质建筑室内热环境[J].土木建筑与环境工程,2009,31(3):109-113.

[2] FATEH A, BORELLI D, DEVIA F, et al.Summer thermal performances of PCM-integrated insulation layers for light-weight building walls:Effect of orientation and melting point temperature[J]. Thermal science and engineering progress,2018,6(4):361-369.

[3] ALQALLAF H J, ALAWADHI E M.Concrete roof with cylindrical holes containing PCM to reduce the heat gain[J].Energy and buildings,2013, 61:73-80.

[4] 郭夏斌.利用废旧木材和 OSB 的严寒地区木建筑模块方案研究[D].哈尔滨:哈尔滨工业大学,2015.

[5] 刘艾琳.微型木屋装配化设计研究[D].哈尔滨:哈尔滨工业大学,2018.

[6] 徐苗.装配式木建筑应用策略研究[D].济南:山东建筑大学,2017.

[7] 梅季魁,刘德明,姚亚雄.大跨建筑结构构思与结构选型[M].北京:中国建筑工业出版社,2002.

[8] 程晓辉.建筑物拆除施工噪声评价及控制[D].武汉:武汉理工大学,2007.

[9] 田振,高建会.被动房气密性设计与施工注意事项[J].建设科技,2020(19):43-45

结　　语

在"双碳"的战略决策背景下,以及"十四五"规划推动绿色发展的目标下,建筑业低碳转型已刻不容缓。本书通过既有文献和实例的梳理及分析,对木构造公共建筑在严寒地区建筑设计和构造的技术要点进行总结,依托 IES－VE 平台进行了模拟实验,深入分析木构造公共建筑在低碳化节能设计及围护结构构造设计方面的理论基础和社会效益,并提出低碳化发展策略。本书创新性成果归纳如下。

(1)结合国内外木构造公共建筑实际工程案例,对结构形态、节点设计及围护结构进行系统性总结,为建筑师提供在木构造建筑中应用木材的思路,促进木构造公共建筑在严寒地区的应用。

(2)从文化、经济、低碳、社会 4 方面,构建评价方法与模拟平台,结合评价与模拟数据结果对木构造公共建筑的综合效益进行深入剖析。

(3)针对严寒地区木构造建筑发展的优势与劣势,从环境效益、社会效益和经济效益 3 方面分别提出优化设计策略,促进严寒地区木构造公共建筑的应用及发展。

随着建筑业向绿色化、工业化和智能化方向发展,挑战与机遇并存。本书聚焦严寒地区木构造公共建筑发展现状,从 3 方面提出优化设计策略,对于节能减排及严寒地区公共建筑可持续发展都具有重要意义。

由于相关条件限制,本书存在以下不足:首先,研究主要建立在计算机软件模拟研究基础上,后续研究应通过实测对研究结果的准确性进行验证,使结论更加科学有效;其次,当前木构造公共建筑在我国严寒地区尚未得到广泛应用,因此综合效益的效益指标可能会与未来实际应用有所差异,未来应结合其他气候区实际应用案例,对相关指标进行修正。随着我国木构造建筑逐渐兴起及木构造技术的广泛应用,木构造公共建筑实例在严寒地区也将不断出现,届时相关的研究不足也将得以完善。

名 词 索 引